苹果

矮砧细长纺锤形集约高效栽培技术

◎ 刘惠平　刘旭东　编著

中国农业科学技术出版社

图书在版编目（CIP）数据

苹果矮砧细长纺锤形集约高效栽培技术 / 刘惠平，刘旭东编著.
—北京：中国农业科学技术出版社，2021.1
ISBN 978-7-5116-5128-0

Ⅰ.①苹… Ⅱ.①刘… ②刘… Ⅲ.①苹果—矮化砧木—栽培技术—研究 Ⅳ.① S661.1

中国版本图书馆 CIP 数据核字（2021）第 016022 号

责任编辑　张国锋
责任校对　李向荣

出 版 者　中国农业科学技术出版社
　　　　　北京市中关村南大街 12 号　邮编：100081
电　　话　（010）82106636（编辑室）（010）82109704（发行部）
　　　　　（010）82109702（读者服务部）
传　　真　（010）82106631
网　　址　http://www.castp.cn
经 销 者　各地新华书店
印 刷 者　北京富泰印刷有限责任公司
开　　本　880mm×1 230mm　1 /32
印　　张　5.75　彩插　16 面
字　　数　178 千字
版　　次　2021 年 1 月第 1 版　2021 年 1 月第 1 次印刷
定　　价　35.00 元

图 1-1 9 年生 SH$_6$ 矮砧与富士品种组合亲和性状况

2 年生 SH$_6$ 矮砧王林苹果开花状

3 年生 SH$_6$ 矮砧富士开花状

图 1-2 2—3 年生 SH$_6$ 矮砧王林开花状

图 1-3　4 年生 SH$_6$ 矮砧富士开花状

图 1-4　5 年生 SH$_6$ 矮砧富士结果状

图1-5 6年生SH₆矮砧富士开花状

图1-6 7年生SH₆矮砧富士结果状

图 1-7　盛果期 SH6 矮砧富士开花状

图 1-8　SH₆ 矮砧富士盛果期结果状

图1-9 SH₆矮砧富士（无袋）果实着色状况

图1-10 两种砧穗组合信浓金品种果实生长变化

桑 沙　　　　　　　　　津 轻　　　　　　　　　平贺津轻

图1-19　早熟品种

信浓金　　　　　　　　早生富士　　　　　　　　信浓甜

图1-20　中熟品种

王 林　　　　　　　　工藤富士　　　　　　　　优系富士

图1-21　晚熟品种

机械深翻改土

图 2-2　老苹果园更新改造后土壤的施肥方法

图 2-4　7 年生 SH_6 矮砧富士树体根系情况

树高 350~400cm
枝组 10 个

310cm 主枝 5~6 个
冠径 70~80cm
枝组 20~25 个

230cm 主枝 6~7 个
冠径 90~120cm
枝组 30~40 个

150cm 主枝 7~8 个
冠径 110~120cm
枝组 50~60 个

干高 70cm
主枝数 18~21 个
枝组数 110~135 个

图 3-1　细长纺锤形树体结构

机械脱取雄蕊

图 4-1　小型机械脱取花粉

图 4-2　使用温控箱开药

图 4-3　应用小型授粉机授粉

图 4-7　铺反光膜着色效果

图 4-8　SH₆ 矮砧富士处理与对照果实着色状况

图 4-9 矮砧富士无袋与有袋栽培的果实着色状况

图 4-10 矮砧富士无袋栽培果实的着色状况

图 5-1 有机肥施肥方法

图 5-3 幼龄树微喷灌溉效果

图 5-4　结果树微喷灌溉效果

机械打药

机械割草

图 6-1　弥雾机打药和小型割草机的应用

图6-2 3年生的 SH_6 矮化中间砧苹果苗

图6-3 三脚架型铝合金梯子在矮砧园中的应用

截至 2017 年底，我国苹果栽培面积为 2 921 万亩（1 亩 ≈ 667m²），总产量已达 4 139 万 t，在世界苹果生产中，皆占半壁江山，我国已成为名副其实的世界苹果生产和消费大国。

与 40 年前比，我国苹果的栽培面积增加了 4.8 倍，而产量提高了 25.9 倍；扣除面积扩增效应，40 年来单产的提高幅度达 540%，翻了两番还多。这充分体现了政策对路、果农积极性调动起来的同时，科技进步、技术贡献的重要性。

苹果生产的趋势是矮化密植集约化栽培。1973 年，中国农业科学院郑州果树研究所牵头组织全国 19 省（市）38 个有关单位成立矮化苹果协作网，开始了我国在苹果矮化密植栽培的穗／砧组合、栽培方式、树形等方面的技术研究和生产探索，46 年来，已取得大批成果和明显的进展。

《苹果矮砧细长纺锤形集约高效栽培技术》正是北京市在苹果矮化密植集约化栽培上探索成功的经验。该书由北京市昌平区园林绿化局教授级高工刘惠平和工程师刘旭东编著而成，分"矮化砧及矮化中间砧苗木的培育""矮砧苹果园的建立""苹果矮砧细长纺锤整形修剪技术""花果管理""土肥水管理""低成本、省力化、集约高效栽培技术"和"病虫害防治"七章。该书既系统叙述了包括借鉴日本这方面工作在内的先进技术和做法，更是北京市在矮化密植集约化栽培上行之有效、成功经验的总结和展示。全书始终贯穿实例、实用、实效的写作原则，语言朴实，图文并茂，是一本先进性、可看性、可操作性融为一体的实用技术书。相信该书的出版，会惠及广大苹果栽培者，也有助于我国苹果矮化密植集约化生产的发展。

专此作序。

中国农业大学园艺学院 韩振海

2019 年 11 月 8 日

　　中国是世界最大的苹果生产和消费国，栽培面积和总产量分别占 50% 左右，苹果产业已成为栽培区农业产业结构调整、生态建设和果农增收致富的重要树种和经济来源。苹果矮砧现代高效栽培模式已是世界的发展方向，也是我国苹果栽培模式变革的趋势。《苹果矮砧细长纺锤形集约高效栽培技术》一书是编著者几十年对苹果栽培研究、技术指导和生产管理经验智慧的结晶，该书从苗木培育、果园建立、矮砧细长纺锤形整形修剪、花果管理、土壤改良与施肥灌水、低成本省力化栽培技术等方面，详细介绍了苹果矮砧细长纺锤形的栽培管理技术，具有较高的实用性和可读性。该书的出版必将对我国苹果产业由传统乔砧向现代矮砧栽培模式的变革、促进产业发展等具有重要的参考价值。

北京市林业果树科学院研究员　　张铁蛳

2019 年 11 月

前　言

北京昌平苹果矮砧细长纺锤形栽培技术的发展，主要经历了3个阶段。一是1989—1994年由山西省果树研究所引入SH_6矮化中间砧木，并与富士等品种嫁接组合，繁育苹果矮化中间砧品种苗木阶段。二是1995—2003年，苹果矮砧栽培试验阶段。三是2004—2010年苹果矮砧细长纺锤形整形修剪技术的引进、吸收、研发和技术成熟发展阶段。截至2019年，昌平区结合老果园更新改造，已发展矮砧密植苹果园15 000多亩，并取得了早果、高产、高效的显著效果，为果农增收作出了贡献。

二十多年前，本人曾在日本岩手县高野卓郎家的苹果园，研修矮化苹果栽培技术1年，深刻体会到矮化苹果的优越性，并期望家乡苹果有一天也能实现矮化栽培。由于北京地区气候条件的限制，早在20世纪七八十年代，果树工作者就曾两度试栽以M_{26}砧木为主的矮化密植园，但都因砧木抗寒性差，幼树越冬抽条严重，干腐病大发生，进而制约了北京地区矮砧苹果的发展。

1989年我们通过引进国产的SH_6矮化砧木，经嫁接组合和多年的试验观察，证明SH_6作为苹果矮化中间砧木，其抗寒性、矮化性、成花能力、丰产性及品质等，均优于国外其他矮化砧木。这一砧木的试栽成功，为北京乃至其他苹果产区矮砧苹果的发展奠定了基础。

本书是建立在几十年的生产实践经验、科技成果和借鉴日本矮砧苹果细长纺锤形整形修剪技术的基础上编写。其内容涉及"SH_6矮砧苹果栽培试验的研究""富士苹果简化修剪技术"成果，以及此后田间调查的矮砧苹果生育规律、细长纺锤形整形修剪、土壤测定等数据，为本书的撰写奠定了坚实基础。该书共分七章，重点阐述了 SH_6 矮砧的优缺点、苹果矮砧细长纺锤形整形修剪技术、土壤改良和施肥、果园集约化高效栽培技术、病虫害防治等内容，并归纳总结出苹果现代果园建设实现集约化高效栽培必备的"六化"条件。

该书由本人和昌平区园林绿化局刘旭东高级工程师共同努力编著完成，第四章第七节"果园防鸟网设施的建立"和第五章第三节"果园生草"内容的部分文字由刘旭东撰写，此外，还做了图片编辑、文字校对等大量工作。在苹果栽培从乔砧栽植向矮砧密植"转型"的关键时期，《苹果矮砧细长纺锤形集约高效栽培技术》一书，无疑将对今后矮砧苹果栽培技术的发展起到借鉴和指导作用，并使更多的果农从中受益。

衷心感谢近40年来培养我的领导前辈，帮助支持我的同行、同事。还要特别感谢日本友人成田束敏先生，成田先生曾多次来昌平指导苹果矮砧修剪技术，为果农培训、做修剪示范、技术指导等，对昌平矮砧苹果细长纺锤形整形修剪技术的发展作出了重要贡献，在此表示衷心的感谢。

本书在撰写过程中，得到北京市园林绿化局产业处领导、昌平区园林绿化局领导的大力支持，中国农业大学韩振海教授、北京市林业果树科学研究院魏钦平研究员在百忙之中为本书作序，并提出文字等方面修改的宝贵意见，在此一并表示诚挚的谢意。

由于作者水平有限，难免有疏漏、错误和不妥之处，敬请批评指正。

著者　刘惠平

2019 年 10 月

目　录
Contents

第一章

矮化砧及矮化中间砧苗木的培育

　　苹果矮砧、密植、集约化栽培，是栽培制度的一项重大变革，是现代果园发展的重要标志。矮砧苹果因其树体矮小、结果早、产量高、便于管理等优点，早在 20 世纪 70 年代，欧美、日本等发达国家就相继栽培发展。北京地区矮砧苹果试验栽培起步较早，70 年代曾引进英国东茂林试验站 M 系列的矮化砧木，并在北京几个重点区县进行了试栽，经过几年的试验观察，M 系列矮化砧木抗寒、抗逆性差，越冬抽条严重，保留下的矮砧园，园貌不整残缺不全，效益低下，证明 M 系矮砧不适应在北京地区栽培发展，多年来北京地区矮化苹果的发展也因此受到制约。

　　为探讨矮砧苹果在北京地区栽培的可行性，昌平区于 1989 年从山西省果树研究所引进 SH₆ 矮化砧木，并进行嫁接繁殖，于 1994 年繁育出矮化中间砧富士、王林品种苗木 900 余株。1995 年春规划出 20 亩栽培试验区，以 SH₆ 矮化中间砧栽植区为处理，以 M₂₆ 矮化自根砧栽植区为对照，处理区与对照区栽植株行距均为 2m × 4.5m，每亩栽植 74 株。到 2002 年经过 8 年的栽培试验观察，证明 SH₆ 矮砧的抗寒、抗逆性以及早果丰产性等综合性状，均优于对照区的 M₂₆ 矮化自根砧木。在此基础上，2003—2019 年 17 年间，全区结合老果园更新改造，共发展 SH₆ 矮砧密植苹果园 15 000 多亩，占全区现有苹果园面积的 50% 以上，是北京各区县矮砧苹果发展速度最快的区域之一，取得了显著的经济效益、生态效益和社会效益。

第一节　矮化砧的主要类型及其表现

一、国外引进的砧木

（一）英国东茂林试验站 M 系列砧木

英国东茂林试验站从 1912 年开始收集苹果砧木和野生苹果砧木资源，筛选出 M 系列砧木，并于 20 世纪 50 年代以后开始在 M 系砧木间进行杂交，选育出优良的 M 系列矮化砧木。

1.M_7

为半矮化砧木。压条发根容易，与栽培品种嫁接亲和良好，嫁接后结果早，能早期丰产。抗寒、抗旱力较强，较耐瘠薄，适应性强，近年在我国干旱和半干旱地区推广应用。

2.M_9

为矮化砧木。树体矮小，压条生根好，嫁接成活率高，一般定植 1~2 年后即结果，尤以对结果晚的国光、富士品种效果更为明显。但根系浅、固地性差、易倒伏；抗寒、抗旱性差；大脚现象明显。近年在河南、陕西等省栽培较多。

3.M_9–T_{337}

从 M_9 中选出的优系矮化砧木，编号为 T_{337}，是近年意大利等欧洲国家大力推广的砧木。表现为干性强、成花容易、结果早、果实大小整齐、丰产性好等特点。但抗寒性差，适合在温暖湿润的气候条件下栽培。在我国渤海湾和黄土高原苹果产区新建果园中试种。

4.M_{26}

为矮化砧木。矮化程度介于 M_7 与 M_9 之间，早果丰产，抗寒性较强，栽培适应性广泛，不抗绵蚜和颈腐病，有大脚现象，是欧美及日本等国广泛应用的砧木。目前陕西、河南等省在生产中主要推广。北京、华北地区有冻害发生，不适合大面积栽培。

5.M_{27}

为极矮化砧木。嫁接成龄树树高仅 1.5m 左右，相当于 M_9 的 1/2，适于高密度栽植。压条繁殖易生根，早果性强，需立支架栽培。适宜在气候湿润温暖、土质良好、土层深厚、排水良好的土壤中栽培。

（二）茂林－莫顿（MM）砧木系列

20 世纪 20 年代英国东茂林试验站与约翰英斯园艺研究所合作，用 M 系和抗绵蚜苹果品种"君袖"杂交，获得 15 个抗绵蚜无性系。目前我国应用的主要有 MM_{106} 和 MM_{111}。

1.MM_{106}

是从"君袖"×"M_1"杂交后代中选出，为半矮化砧木。嫁接树冠大小相当于实生砧的 60%~75%。压条生根良好，繁殖率高，根系发达，固地性较强，较抗干旱和较耐瘠薄，也较抗寒、抗苹果绵蚜，但以 MM_{106} 为中间砧的植株果实变小，嫁接品种停长晚，使易感病接穗品种的火疫病发病率高。MM_{106} 是各国苹果产区广泛应用的砧木。

2.MM_{111}

是从"君袖"×"M_{1793}"杂交后代选出，为半乔化砧木。相当于实生砧的 90%，但由于具有生根良好、繁殖率高、固地性好等优点，目前生产中仍在应用。该砧木耐寒性强，抗苹果绵蚜，可适应多种土壤和气候类型。

（三）美国的 CG、MAC 砧木系列

1. CG 系砧木

由美国纽约州农业试验站从 M_8 实生苗中选育而成。其中 CG_{80} 矮化程度与 M_9 类似，一般用作品种的中间砧，矮化效果明显。

（1）CG_{10} 生长直立，高度不整齐，基部无分枝。嫁接品种亲和性好，嫁接口处皮色发红，嫁接树长势中庸，树体较牢固，结果早，产量高。

（2）CG_{23} 植株长势中庸。主干黄褐色，皮孔大、密，圆形或椭圆形、黄色；新梢较 CG_{10}、CG_{80} 细弱，基部少或无分枝；1 年生枝条黄褐色，皮孔小、较稀、椭圆形、黄色，顶端有白色茸毛，木质较松，顶芽停止生长后，顶芽处的叶片形成簇丛状；叶片椭圆形，略有下垂，浓绿色，叶面平展，叶缘具不规则锐锯齿，先端锐尖。

CG_{23} 做中间砧嫁接红富士，6 年生树高为 1.92m，略高于对照 M_{26}。嫁接亲和性好，早果，较丰产。

（3）CG_{24} 树姿直立，树势强。主干黄褐色，皮孔大、密、圆形或扁圆形、黄色；1 年生枝紫褐色、较直立，节间较长，皮孔小、较密、圆形、黄色；叶片椭圆形，先端渐尖，基部圆形，质地较厚，有褶皱，叶缘锯齿较小、钝，有的叶尖呈扭曲状，叶柄基部带红色；顶芽停止生长后叶片形成簇状，基部枝杈较多。

CG_{24} 矮化效果相当于 M_{26}。以 CG_{24} 为中间砧嫁接的红富士结果早、产量高，4 年生树结果株率和单株产量均比 M_{26} 高；根蘖株率明显减少，砧段发生气瘤少，抗寒性与 M_7 相近。

（4）CG_{80} 植株树姿直立，树势强。主干黄褐色，皮孔大、密、圆形或椭圆形、黄色；1 年生枝赤褐色、直立、节位膨大，侧芽小，钝三角形，比 CG_{24} 饱满，皮孔圆形、大、密、土黄色；叶片卵圆形，先端渐尖，基部近楔形，叶缘锯齿粗钝，复锯齿。

以 CG_{80} 为中间砧与平邑甜茶（基砧）和红富士苹果（品种）嫁接亲和性良好，早果性强，产量高，根蘖萌发较少；嫁接树生长比 CG_{24} 弱，抗寒性不及 CG_{24}。我国自 20 世纪 90 年代引种试栽结果表明，该砧木嫁接亲和性比 M_{26} 强，树体大小为 M_{26} 的 100%~130%，CG_{80} 做中间砧嫁接的红富士 4~6 年生树平均株产比 M_{26} 高 26%~99%，果实品质与 M_{26} 相近，综合性状优于 M 系及 MM 系。

2. MAC 砧木系列

1956 年，美国密执安州立大学的卡尔博士播种了 M_1 到 M_{16} 及阿尔纳普 2 号、西伯利亚海棠 5 号、美国酸苹果自由授粉种子。此后，对实生苗进行了田间抗绵蚜和优良性状的筛选，初选 56 个砧木类型，定名为 MAC 系，其中表现较好的有 MAC_1、MAC_9、MAC_{24}、MAC_{39} 和 MAC_{46}。

（1）MAC_1　是由 M_1 自然授粉种子培育而成。嫁接树植株大小类似 M_7，固地性良好，但不发生根蘖。繁殖良好，苗圃中植株不发生短枝。

（2）MarK（MAC_9）　是从 M_9 自然授粉实生后代中选出，1973 年发表。Mark 是其脱毒矮化砧木。MarK 植株生长势弱，枝条粗壮。主干黄色，皮孔较密、扁平；1 年生枝黄褐色，皮孔圆形、灰色、大、稀；嫩叶黄白色，被白色茸毛，叶片卵圆形，先端急尖，基部圆形，平展，叶缘锯齿大而钝，托叶极小，披针状。

MarK 属矮化砧，矮化性介于 M_9 与 M_{26} 之间。与多数苹果品种嫁接亲和力强，具有较强早花早果性，丰产。根系发达，固地性和土壤适应性较强，极少发生根蘖。易压条生根，繁殖率高。其抗寒性同 M_{26}，具有较强的抗冻、抗抽条性，同时抗根腐病、根癌病能力较强，较抗绵蚜和细菌。MarK 在欧美及日本栽培较多，我国近年已引种试栽。

5

（3）MAC_{24} 由西伯利亚海棠5号自然授粉种子培育而成。该砧木嫁接树长势旺，植株大小与MM_{111}相同。根系浅，分布广，可发生根蘖；易繁殖，硬枝扦插及压条生根良好。

（4）MAC_{39} 由M_{11}自然授粉种子培育而成。该砧木嫁接树树体小于M_9，结果非常早，但固地性差。

（5）MAC_{46} 由M_9自然授粉种子培育而成。该砧木嫁接树树体比M_9稍大，结果早，固地性不良。

（四）波兰P系

由波兰果树研究所用安东诺夫卡 × M_9杂交育成。

1. P_{22}

P_{22}为矮化砧。其嫁接树冠大小相当于乔砧树的48%左右。用其作中间砧，具有较强的早花早果习性，果实大、着色好，果形指数较高。该砧木压条易生根，可用来繁殖自根砧。具有一定的抗寒、抗抽条能力。

2. P_{60}

P_{60}为矮化砧木。生物学特性、适应性与P_{22}相似。

（五）日本JM砧木系列

1972年，日本农林水产省果树试验场（盛岗支场）用圆叶海棠 × M_9进行杂交，选育出盛岗1~10号共10个优良品系。1985年起进行试栽鉴定，结果表明，1、4、7、8、9和10号属于高抗颈腐病类型，2、3和6号属于矮化和半矮化砧中间类型。1996年8月，日本农林水产省将盛岗1、7、8号命名为JM_1、JM_7、JM_8；1997年8月，将盛岗2、5号命名为JM_2、JM_5。

1. JM_1

JM_1（盛岗1号）为矮化砧木。休眠枝扦插生根率达85%以上。与富士等苹果品种嫁接亲和力强，嫁接面平滑，嫁接苗定植后第4

年开始结果，果实大小与 M_9、M_{26} 相似。果实硬度和可溶性固形物含量均有提高，果实着色好、丰产，品质优良。该砧木抗苹果疫腐病、苹果绵蚜、苹果斑点落叶病、苹果黑星病、苹果茎痘病毒，但易感染苹果褪绿叶斑病毒，耐涝，较抗寒。

2. JM_2

JM_2（盛冈 2 号）为半矮化砧木类型，休眠枝扦插生根率高达97%。作砧木使用时，易发生根蘖苗。与富士苹果嫁接亲和，嫁接木质部比较平滑，嫁接苗定植后第 5 年开始结果，果实大小、着色、硬度、酸度与 M_{26} 大致相同，但丰产性不如 M_{26}，可溶性固形物略有降低。该砧木抗根部病害、高接病毒病、苹果斑点落叶病、苹果褪绿叶斑病毒、苹果茎痘病毒等，但易感苹果绵蚜，抗寒性与 JM_5相似。

3. JM_5

JM_5（盛冈 5 号）为极矮化砧木类型，具有与 M_{26} 相同的矮化性状或比 M_{26} 更矮。可扦插繁殖，休眠枝扦插生根率达 80% 以上。与富士等苹果品种嫁接亲和力强，有"小脚"现象。嫁接苗定植后第3 年开始结果，其果个略小于 M_9 和 M_{26}，但果实硬度大，可溶性固形物含量均提高 1% 左右，着色好，品质优良。耐涝性较强，抗根部病害，抗苹果疫腐病、苹果绵蚜、苹果斑点落叶病及苹果茎痘病毒等，在 $-16.7℃$ 低温下可正常越冬。

4. JM_7

JM_7（盛冈 7 号）为矮化砧木，具有与 M_9 相似的矮化性状，与富士苹果嫁接亲和性良好，有"小脚"现象。丰产性强，硬度和糖度稍高，着色良好。易扦插繁殖，休眠枝扦插生根率 94%，抗逆性同 JM_5。

5. JM_8

JM_8（盛冈8号）为矮化砧木，矮化性与 M_9 性状相似，可扦插繁殖，休眠枝扦插生根率74%。与富士等苹果品种嫁接亲和略有"小脚"现象，丰产性比 M_9、M_{26} 高。嫁接苗定植后第4年开始结果，果实大小与 M_9 相近，果实可溶性固形物和硬度高，着色晚。该砧木抗苹果疫腐病、苹果绵蚜、苹果斑点落叶病、苹果黑星病，耐涝性较弱，抗寒性与 JM_5 相似。

二、我国选育的矮化砧木

（一）辽砧2号

由辽宁省果树研究所用助列涅特 × M_9 杂交育成。为矮化砧木，抗寒能力强，用作品种的中间砧矮化效果明显。

（二）SH系

由山西省农业科学院果树研究所用国光 × 河南海棠杂交育成（1978—1989）。SH系砧木的抗寒性均超过了 M_7、M_9、M_{26} 等矮化砧，具有较强的耐寒、耐旱、抗抽条和抗倒伏能力，且适应性广，可在我国大部分苹果主产区栽植。SH系列砧木普遍存在扦插不易生根的特性，生产中以中间砧品种苗繁殖为主。

1. SH_1

SH_1 为矮化砧木，具有较强的抗寒性、抗抽条性、耐旱性。树体越冬能力强。

2. SH_{38} 和 SH_{40}

SH_{38} 和 SH_{40} 均属于矮化砧木，成龄树高为乔砧树的60%左右，作中间砧嫁接富士等苹果品种，果实品质优良，树体越冬能力较强。

3. SH_{18}

SH_{18} 为半矮化砧木，北京市昌平区于2000年按矮化砧木引入。2003年繁育栽植后观察为半矮化砧木，其树冠大小相当于普通乔砧树冠径的 80%，与 MM_{106} 矮化程度近似，栽植后成花、结果比 SH_6 晚。由于生长旺、树冠大、结果晚，栽培中需采用主干环剥促花技术。抗寒性强，适合在较瘠薄的土壤栽植。果实着色好，品质优良。

4. SH_6

SH_6 为矮化砧木，北京市昌平区于 1989 年引入，1995 年试验栽植，2003 年后北京地区开始大面积栽培发展，适宜在北京、华北、西北黄土高原等地区栽植。

第二节　SH_6 矮化中间砧的表现

经过多年的栽培试验观察，SH_6 矮砧的突出表现主要有以下特点。

一、优点

（一）亲和性强

2003—2007 年，在昌平区流村镇北流村果园，进行了 SH_6 矮砧与不同品种组合亲和性的试验观察，品种有富士、王林、乔纳金、信浓金、红星、嘎啦、藤牧一号，基砧为八棱海棠。栽植第 5 年调查树高、冠幅和穗砧比。调查结果显示，SH_6 矮砧与多数品种嫁接组合后亲和性强，主干的穗砧比为 0.96~1.15，品种段略粗，矮砧段略细，有"小脚"现象。此外，基砧（八棱海棠砧）如露出地面后，结合部也略有"大脚"现象，即基砧与品种砧段略粗，中间矮砧段略细，呈"哑铃"状，且两端接口相互愈合得紧密牢固，结合面光滑。矮砧与多数品种组合生长正常，但与藤牧一号品种组合则表现为极矮化，树体大小近似于 M_{27}。SH_6 矮砧与不同品种组合亲和性的调查见表 1–1。

表1-1　SH₆矮砧与不同品种组合亲和性的调查

品　种	树龄（年）	树高（m）	冠幅（m）	矮砧段粗（cm）	品种段粗（cm）	穗/砧比
藤牧一号	5	1.81	1.85	5.18	5.58	1.08
嘎啦	5	3.40	2.20	7.45	7.95	1.07
乔纳金	5	3.85	2.40	7.85	9.00	1.15
红星	5	3.75	2.30	7.45	7.18	0.96
富士	5	3.85	2.30	7.71	9.05	1.17
王林	5	3.75	2.25	7.97	10.20	1.28
信浓金	5	3.60	2.30	5.95	6.05	1.08

9年生SH₆矮砧与富士品种组合亲和性状况见图1-1。

图1-1　9年生SH₆矮砧与富士品种组合亲和性状况

此外，还对 SH_6 矮砧富士不同树龄穗砧粗细差做了调查，富士 7 年生时穗砧粗细差为 1.22cm，9 年生时穗砧粗细差为 1.27cm，13 年生时穗砧粗细差为 1.18cm，17 年生时穗砧粗细差为 1.15cm。调查数据说明，SH_6 矮砧富士 10 年生前穗砧差异较明显，10 年生后，随着树龄的增长穗砧的差异则明显减弱。SH_6 矮砧富士不同树龄穗砧粗细差的调查见表 1-2。

表 1-2　SH_6 矮砧富士不同树龄穗砧粗细差调查

栽植年份	调查年份	中间砧段长（cm）	中间砧段直径（cm）	品种段直径（cm）	粗细差（cm）
2013	2019	30.30	8.40	10.25	1.22
2011	2019	29.00	8.58	10.92	1.27
2007	2019	27.30	13.37	15.71	1.18
2003	2019	26.00	14.07	16.25	1.15

（二）树体矮化

2019 年在同一园片调查了 SH_6 矮砧和八棱海棠砧树体的大小，品种为富士，树龄均为 12 年生。调查结果 SH_6 矮砧干周比八棱海棠砧小 38.7cm，占八棱海棠砧的 56.5%，冠幅比八棱海棠砧小 3.1m，占八棱海棠砧的 44.6%，矮化程度近似于 M_{26}，说明矮化效果明显，便于密植栽培。12 年生富士矮砧与八棱海棠砧树体生长指标见表 1-3。

表 1-3　12 年生富士 SH_6 矮砧与八棱海棠砧树体生长指标

砧木类型	树龄（年）	干周（cm）	树高（m）	冠幅（m）
SH_6 矮砧	12	50.3	3.8	2.5
八棱海棠砧	12	89.0	4.3	5.6

注：SH_6 矮砧栽植株行距为 2.5m×4m；八棱海棠砧为 4m×5m

（三）生长周期短

通过物候期观察，北京地区 SH_6 矮砧成龄结果树，新梢 1 年仅有两次生长，分春梢和夏秋梢，没有晚秋梢生长。新梢 8 月中旬开始停长，且封顶后不再生长，平均生长 50cm 左右，10 月上旬叶片逐渐变为浅红色，至下旬变为红褐色，并于 11 月初叶片开始自然脱落。SH_6 矮砧树生长量小，生长期短，有利于养分的积累和贮藏。对比同期调查的乔砧树，新梢 9 月下旬才开始停长，比矮砧树晚停长 40d 左右，生长量大，平均生长达 70cm 以上。停长期晚，不利于养分的积累和花芽分化，乔砧树到晚秋，叶片也不能自然脱落，这是北京乃至华北地区乔砧苹果树，连续结果能力差，形成大小年结果的主要原因。

（四）成花容易、结果早、丰产

SH_6 矮砧树早花、早果性强。栽植第 2 年开花株率达 80% 以上，3~4 年开始进入结果期，5~6 年亩产可达 1 000~1 500kg，7~8 年达到

图 1-2　2~3 年生 SH_6 矮砧王林开花状

2 500~3 000kg，10 年生时可达 4 000~5 000kg 的水平。据调查，SH_6 矮砧比 M_{26} 自根砧早成花结果 2~3 年。正常管理情况下，不易出现大小年结果现象。SH_6 矮砧树不同年龄阶段开花结果状见图 1-2 至图 1-8。

图 1-3　4 年生 SH_6 矮砧富士开花状

图 1-4　5 年生 SH_6 矮砧富士结果状

图1-5 6年生SH₆矮砧富士开花状　　　图1-6 7年生SH₆矮砧富士结果状

图1-7 盛果期SH₆矮砧富士开花状

图 1-8 SH$_6$矮砧富士盛果期结果状

（五）易着色、果浓红、肉乳黄、风味浓

SH$_6$矮砧与富士组合，果实着色期早，比乔砧着色期早 10d 左右，有袋与无袋果实均容易着色，对摘叶转果要求不严格，成熟时果实颜色呈浓红色，切开有糖心（果蜜）。由于 SH$_6$矮砧与富士组合后，果实易着色，因此利于实现苹果的无袋栽培。SH$_6$矮砧富士（无袋）果实着色状况见图 1-9。

图 1-9 SH$_6$矮砧富士（无袋）果实着色状况

15

SH$_6$矮砧富士果实可溶性固形物平均可达 15% 以上，比乔砧糖度高 2%~3%，硬度可达 10kg/cm^2 以上，比乔砧高 1.0kg/cm^2 以上，果肉紧密，硬度大，有利于延长苹果的贮藏期。此外，矮砧富士果肉颜色呈奶黄色，成熟后有果蜜（糖心）。通过 2015 年测定矮砧与乔砧富士果实的总酸含量，矮砧为 0.406g/100g，乔砧为 0.244g/100g，总酸含量矮砧比乔砧高 0.162g/100g，酸的含量高，有利于改善富士苹果的品质。因此，矮砧富士糖酸比适中，风味浓，在市场具有竞争力。富士矮砧与乔砧的果实成熟期及品质见表 1-4。矮砧与乔砧富士果实营养见表 1-5。

表 1-4　富士矮砧与乔砧果实的成熟期及品质

砧穗组合	成熟日期（月 / 日）	色泽	可溶性固形物（%）	果实硬度（kg/cm^2）
富士 /SH$_6$/ 八棱海棠	10/18	浓红	16.5	11.1
富士 / 八棱海棠	10/18	红	13.3	10.8

注：SH$_6$矮砧为无袋栽培；乔砧为有袋栽培

表 1-5　富士矮砧与乔砧的果实营养

砧穗组合	总糖（g/100g）	总酸（g/100g）	维生素C（mg/100g）	B族维生素（mg/100g）	氨基酸	矿物质元素（mg/100g）						
						P	K	Ca	Fe	Zn	Mg	Na
富士 /SH$_6$/ 八棱海棠	13.8	0.406	5.06	0.0897	0.447	15.2	92.3	5.14	0.198	0.70	4.44	0.55
富士 / 八棱海棠	12.9	0.244	4.80	0.0865	0.429	9.41	70.1	6.14	0.273	0.62	4.66	0.59

注：检测单位农业部农产品质检中心（北京）2015.05

（六）提早成熟和提高品质

信浓金是典型的晚熟品种，北京地区普通乔砧树成熟期为 10 月中下旬，与 SH_6 矮砧组合后，成熟期为 8 月底至 9 月初，比普通乔砧提早成熟 40~45d，砧木的促早熟作用十分明显，经过多年的观察，这一性状十分稳定。此外，信浓金品种的果实性状也发生了明显的改变，由圆锥形变为近圆形，成熟时果呈金黄色，果个大，平均单果重 300~350g，可溶性固形物含量及耐贮性均有所提高，由晚熟品种变为优良的早中熟品种，适宜在生产中栽培发展。SH_6 矮砧与富士、红星、王林等品种组合，果实成熟期与普通乔砧树近似，但对富士品质影响较大，果实易着色、浓红，果肉紧密，硬度大，可溶性固形物含量比普通乔砧树提高 2% 以上，有机酸含量提高近1 倍，风味浓，品质佳。SH_6 矮砧与信浓金品种组合果实生长变化见图 1-10。

图 1-10　两种砧穗组合信浓金品种果实生长变化

（七）抗寒性强

SH_6 矮砧树抗寒性强。2009 年 11 月初至 2010 年冬季，北京、华北等地区曾发生晚秋雪害和冬季极端低温的影响，1—2 月最低气温达 –20℃，持续时间较长。翌年春，乔砧树发生了不同程度的冻害，部分枝干形成层冻死，表皮与木质部分离，萌芽晚，发芽不整齐，树势弱，并造成当年大面积死树和减产现象。而 SH_6 矮砧树则表现出极强的耐寒性，昌平地区栽植的近万亩矮砧园，无论是幼龄树还是结果树，均无冻害发生，且正常开花结果，并当年丰产。

（八）经济寿命期长

在正常栽培条件下，M_{26} 矮化自根砧果园，由于树体根系浅、根量少。树龄一般在 15 年生左右，树势开始衰弱，产量下降明显，进入更新砍伐期阶段，经济寿命期短。SH_6 矮砧树由于树体生长主要依赖基砧根系，吸收水分和矿物质营养，而 SH_6 中间砧作为主干的一部分，主要起上下连接和支撑的作用，进而发挥阻碍水养分运输的功能，因此，矮砧的基砧根系较发达，固地性好，有利于延长树体的经济寿命期。从实践中也可以观察到，2003 年昌平区栽植的 SH_6 矮砧园，树龄 18 年生时仍正常生长和结果，且树势健壮，结果稳定。由此推测，SH_6 矮砧树的经济寿命期，可保持到 25 年生以上甚至更长的时间。

二、主要缺点

（一）不易生根

SH_6 矮砧扦插、压条不易生根，繁育自根砧品种苗困难。如矮砧成龄树，若中间砧段部分或整体长期埋入土中，不但不易生根，反而由于透气性差，中间砧段很容易朽烂，说明 SH_6 中间砧生根困难。生产上主要利用中间砧段嫁接，繁育矮化中间砧品种苗，苗木繁育周期较长，一株健壮的苗木，需要三整年的时间才能育成。

（二）耐盐碱性较弱

SH_6 矮砧树耐盐碱性较弱。据观察土壤 pH 值 7.9 以上时，易出现黄化缺铁现象，pH 值 7.8 以下时，则无黄化缺铁现象，pH 值适宜的栽培范围应在 6.5~7.8。因此，在我国环渤海苹果产区和黄土高原地区，均可栽培发展。但新疆、甘肃等地区土壤 pH 值偏高，不适宜 SH_6 矮砧的发展。

（三）耐旱性较差

SH_6 矮砧由于根量比普通乔砧少，且根系浅，分布范围小，因此耐旱性较差。在栽培管理中，特别是在较瘠薄的土壤条件下，应适当增加灌水次数，比普通乔砧园多灌水 2~3 遍。

（四）与个别品种组合树体表现极矮化

SH_6 矮砧与藤牧一号品种组合，树体表现出极矮化，树体大小近似于 M_{27} 的自根砧，与嘎啦品种组合，近似于 M9 自根砧，与其他多数品种组合，近似于 M_{26} 自根砧。在发展矮砧密植园时，应根据不同砧穗组合树体的大小，确定适宜的栽植密度。

第三节　矮化砧致矮的原因

应用矮化自根砧或矮化中间砧段，与品种嫁接组合，使树体矮化的机理，是较复杂的问题，迄今为止还没有一个清晰的解释。

一、砧木的影响

矮化砧木依其自身的遗传特性，可以明显地影响栽培品种的树体大小。如 M_7 矮化砧木，由于根系浅即可限制生长。M_9 根茎易折断。极矮化的砧木韧皮部对木质部的比率高，而且有大量的薄壁细胞，从而减弱了营养元素的吸收和运输能力。还有学者认为，矮化砧木需要贮藏的碳水化合物量较少，而从土壤中吸收的矿物质营养也比较少。另外，生长旺盛的接穗趋向于积累碳水化合物，并缺乏氮素，导致接穗中的碳氮比高，因而使树体矮化并且提早结果。

二、嫁接接合部的影响

有学者认为，砧木与接穗"结合"后，从两个细胞变为一个细胞，并没有真正细胞的融合，尽管接合部的细胞群可以既包含砧木的细胞，也有接穗的细胞，但是，砧木和接穗的各个细胞仍然是分开的。也就是说，一个所谓"接合部"，实质上是砧木和接穗成分相互穿插的结合。木质成分横过接合线，排列成连续的纵行，但砧木和接穗的细胞仍然是分开的，所以，这个接合部仅仅是两种组织的网状交织。在牢固的接合部中，砧木和接穗的维管束成分呈网状牢固地结合在一起。因此，接合部本身往往起一种自然紧缢的作用，它阻碍碳水化合物向下运输，从而既减少根的生长，又有利于碳水化合物在接合部上部的积累。砧木和接穗生长速度的不同，都可以产生与机械性环缢相同的作用。实际上是一种永久性的自身半环缢的部分亲和。在某些情况下，与结果有关的花芽形成、早期结果、矮化，不仅是由于砧木和接穗之间营养物质总量的阻断，而且也可能是由于发生阻断时间的改变，有利于花芽的形成。

三、生理学的影响

致使苹果矮化的机理，除嫁接接合部的作用影响外，砧木和接穗间由各种生物化学和生理学的因素在起作用，它们可控制并形成各种类型的接合、亲和性和矮化。由此形成接合部的性质，主要决定于这些生物学的过程，而接合部的机械作用可能是次要的。

四、嫁接亲和性的影响

砧木与接穗相互关联，是一种共生的关系。砧木本身，由于一定的遗传特性，是一个起作用的因素。接穗和中间砧茎段也起作用，各种类型的结合和各种程度的适合性，它们的性质既是机械的也是生理的，也显著地控制着砧木与接穗的表现。此外，还有对病毒、外部环境、土壤条件、激素、酶系统、蛋白质反应、砧木和接穗中的生物合成，以及很多其他还不了解的起作用因素。主要矮化砧木特性见表1-6。主要矮化砧木树体大小比较见示意图1-11。

表1-6　主要矮化砧木特性

砧木性质	树冠大小	砧木名称	品种组合特性
乔化	1	八棱海棠	树冠高大，树高4.8~5.4m，结果晚
半乔化	2/3	MM_{111}	树高4.5~5.4m，繁殖容易，抗旱性强
半矮化	1/2	MM_{106}	树高3.6~4.5m，繁殖容易，抗绵蚜
矮化	3/5	SH_6	树高3.8~4.0m，不易生根，有小脚现象
矮化	1/4~3/5	M_{26}	树高3.5~3.8m，易生根，有大脚现象
矮化	1/4	M_9	树高3~3.5m，有大脚现象，支柱栽培

注：八棱海棠砧嫁接的苹果树高100%为比照

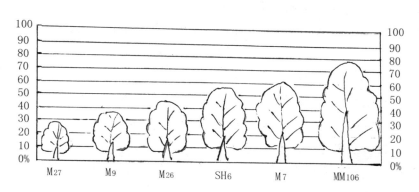

图1-11　主要矮化砧木树体大小比较示意

第四节　矮化自根砧和矮化中间砧苹果苗木的培育

一、矮化砧木苗的概念
（一）矮化或半矮化砧
通过嫁接能够使苹果树生长比较矮小、紧凑，并达到一定矮化和半矮化标准的砧木，通称矮化砧或半矮化砧。

（二）自根砧
利用营养器官能形成不定根的特性进行繁殖，长成具有发育良好根系的砧木，通称自根砧。

（三）中间砧
所利用的砧木不作为地下部的根系，而是嫁接在基砧和苹果品种之间的一段枝条，成为主干一部分，通称中间砧。

（四）矮化自根砧苹果苗
在矮化自根砧砧苗上嫁接苹果品种，培育的苗木通称矮化自根砧苹果苗。

（五）矮化中间砧苹果苗
在基砧砧苗上先嫁接矮化砧，再在矮化砧的茎段上嫁接苹果品种培育的苗木，通称矮化中间砧苹果苗。

二、苗圃地的选择
苗圃地应选择土层深厚，肥力中等，pH 值 6.5~7.5，排水良好的壤土或沙壤土。在丘陵地育苗，土层厚度不应低于 60cm。应避开风雹易发区和低洼地。苗圃地切忌连作（重茬）。还应考虑交通便利，集中连片，便于苗木运输、信息传递、管理和销售等。

三、建立矮化砧种穗圃
目前我国矮化砧或矮化中间砧苹果无病毒苗木培育（脱毒苗）

尚处起步阶段，生产上栽培的苗木，除从国外引进少量脱毒苗木栽植外，国产大部分矮砧苗木普遍带有病毒。目前已知的苹果病毒有20多种，如花叶病、锈果病等早有明显表现外，还有一些潜伏性的病毒，如茎痘病毒、茎沟槽病毒等，在培育苗木时应高度重视。

（1）苗圃地周围 300m 范围内，不得种植苹果、梨等仁果类的果树。苗圃地切忌重茬。

（2）砧木选择因地区而异，如北京、华北等地选择抗盐碱性的八棱海棠做砧木。东北地区选择抗寒性强的山丁子作砧木。选择矮化砧木时应选择严格脱毒的砧木做接穗。

（3）苹果病毒均可由嫁接途径传染，每次使用嫁接工具前，要用70%的酒精消毒。

（4）苗圃地提前规划出 5% 的面积，作为矮砧种穗繁殖圃，以便利用实生砧木苗嫁接，快速繁殖矮化中间砧的砧段。

（5）选择无病毒矮砧接穗，采取春季嫁接的方法（枝接）繁殖种穗，以提前满足当年播种苗，在夏秋季嫁接时使用。

第五节　实生砧木苗的培育

一、种子选择与处理

种子选择因地区不同各有差别。北京地区土壤 pH 值偏高，选择抗盐碱能力较强的八棱海棠做基砧。黄土高原地区以楸子、西府海棠、新疆野苹果等为基砧。东北大连等地区则选择抗寒性较强的山丁子做基砧。

处理方法选用当年产，籽粒饱满、有光泽、杂质少的新鲜种子。沙藏前用 0.2%~0.4% 的高锰酸钾或 10% 磷酸三钠溶液浸泡 0.5h 消毒，并用清水洗净后再进行沙藏。

二、种子沙藏

种子播种前需要一定天数的低温处理，才可正常发芽，即通常所说的"春化阶段"。种子分秋播和春播，秋播种子可在田间自然通过休眠。春播种子必须经过沙藏，进行种子的层积处理，层积日数因不同砧木种子而异，北京地区八棱海棠种子沙藏时期在2月初进行。种子的层积温度以 2~7℃为宜，种子与湿沙比例为 1:（3~4），沙子的湿度以手握成团为宜，种子与湿沙搅拌均匀，放在木箱或塑料箱内，四周用塑料薄膜挡严，防止水分蒸发，并搁置背阴处进行自然低温处理。3月中下旬气温回升时，每隔 3d 检查 1 次种子的发芽情况，当有 30% 种子发芽露白时，应及时播种。不同砧木种子层积日数见表 1-7。

表 1-7　不同砧木种子层积日数

砧木种类	层积日数（d）	砧木种类	层积日数（d）
八棱海棠	40~60	新疆野苹果	80~90
山丁子	30~50	冷海棠	50
楸子	60~100		

三、整地、播种

苗圃地在播种前每亩施有机肥 2~3m³，进行深翻熟化（深 25~30cm）。秋播一般从 11 月上旬开始。北京地区由于冬季干旱出苗率低，一般提倡春播。3 月下旬提前整好地灌好水，待种子露白 30% 时采用双行带状条播（大小垄），带内行距 15cm，带间距离 50cm，边行距畦埂 10cm，有利于嫁接操作。播种深度与种子大小和土壤疏密度有关，海棠类 1cm，山丁子应在 1cm 以内，因山丁子在出苗过程中对温度要求比海棠高，过深影响出苗率。播种时与湿沙一同播下及时镇压，并覆盖白色透明塑料薄膜保墒，这一环节非常重要。出苗率达到 70% 以上时，每隔一段距离在薄膜上撕开一道缝隙通风，防止幼苗日灼。待幼苗出齐后再一次性去除薄膜。

四、播种量及播后管理

播种量一般根据种子发芽率、出苗数量、土壤状况等决定播种量。不同砧木种子的播种量及成苗数见表 1-8。

表 1-8　不同砧木种子的播种量及成苗数量

砧木种类	种子粒数（粒/kg）	播种量（kg/亩）	成苗数（株/亩）
八棱海棠	56 000 左右	1.5~2	10 000
山丁子	160 000~200 000	1~1.5	10 000
楸子	100 000~120 000	1~1.5	10 000
西府海棠	40 000~50 000	1~1.5	10 000
新疆野苹果	20 000~30 000	1~1.5	10 000

当幼苗长出 2~3 片真叶时易感染立枯病和白粉病，应喷 1~2 次杀菌剂预防病害的发生。早春幼苗易被金龟子、蚜虫危害，发现时要及时喷布杀虫剂。当苗木长出 3~4 片真叶时进行间苗和移栽补苗。当幼苗高 10cm 左右，长出 4~6 片真叶时，按 10~15cm 距离定苗，每亩留苗量 10 000 株左右。生长期管理除做好中耕锄草外，5—6 月结合灌水，每亩追施尿素 4~5kg，促进幼苗前期生长。7—8 月间喷施 800 倍液磷酸二氢钾，控制后期徒长和提高幼苗的成熟度。当幼苗长到 30cm 时进行摘心（去除顶端 1~2cm 幼嫩部分），并除去苗干基部 5~10cm 处发生的枝叶，便于秋季嫁接。

第六节　嫁接苗的繁育

一、嫁接方法和时期

繁育苹果苗木嫁接方法有很多，如芽接、枝接和根接等，但应用最普遍的是芽接和枝接两种方法。取自当年生发育枝上的饱满芽（芽片）作接穗，嫁接在砧木苗上，统称为芽接。取自1年生枝条的饱满芽（枝段）嫁接在砧木苗上统称为枝接。

（一）芽接

北京地区芽接最佳时期为8月中旬至9月初，过早嫁接芽子当年容易萌发，越冬易受冻，过晚则气温低伤口愈合困难。嫁接主要有"T"字形和嵌芽接两种方法。

1. "T"字形芽接

也称插芽接，选取发育枝的种穗，在芽上方0.5cm处横切一刀，深达木质部，宽度约为枝粗的3/5，再在芽子下方1.5cm处自下而上削至芽子上方的横切处，将芽片取下（不带木质部），长约2.5cm，嫁接砧木在距地面10cm光滑处切"T"形口，长宽较芽片稍大一些，将芽片从"T"形口皮层处插入，芽片上端与砧木横切口对齐，用塑料条将接口自下而上全部绑严（叶柄露在外面）。"T"字形芽接方法见示意图1-12。

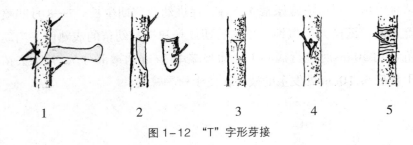

1　　　2　　　3　　　4　　　5

图1-12　"T"字形芽接

2. 嵌芽接（带木质部芽接）

是改进后的芽接方法，主要区别芽片可带木质部嫁接，嫁接时不考虑韧皮部与木质部是否离皮，春季和生长季均可应用。嫁接速度快，成活率高，生产上应用广泛。方法：先在种穗芽的下方 0.5cm 处，横切宽度约为种穗粗的 3/5，再由芽的上方 1.5cm 处向下削至横切口处，将芽片取下（带木质部）。砧木切面比芽片稍长，深达木质部，方向相同，插入芽片用塑料条绑紧。嵌芽接的方法见示意图 1-13。

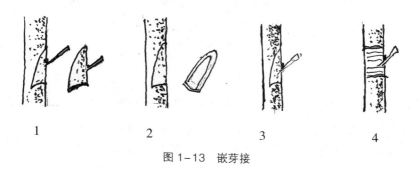

1　　　　　2　　　　　3　　　　　4

图 1-13　嵌芽接

（二）枝接

主要在休眠期进行，此时树液开始流动，将早春尚未萌动的种穗提前采集，放置低温库贮藏（0~5℃）。

1. 舌接

嫁接前先将贮藏的种穗按每 8~10cm 一段剪截（2~3 芽）并蜡封。北京地区嫁接时期为 3 月下旬至 4 月中旬。嫁接方法先在接穗的上方 3~3.5cm 处，由上自下、由浅到深削取斜面，斜面长 3~3.5cm，斜面末端削去枝粗的近 1/2，再在削面末端长 0.2~0.3cm、厚 0.1~0.2cm 处切入木质部，深度约为削面长的 1/2。砧木苗剪砧距地面 10cm，采用同样方法削取，并将接穗与砧木互为插入对接，用塑料条绑严。此种方法接穗与砧木对接紧密，结合牢固，绑缚简单,砧木苗利用率高,嫁接速度快,成活率高,长势旺盛。舌接是在苗木繁殖上普遍应用的一种方法。舌接方法见示意图1-14。

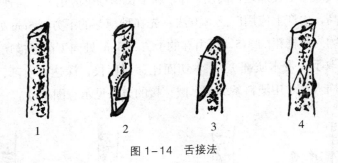

图1-14 舌接法

2.合接

早春将事先处理好的蜡封接穗取出,在接穗上方3~3.5cm处削取斜面,砧木苗由下往上用同样方法削取,削好后将接穗与砧木一侧的形成层对准,用塑料条缠严。此方法虽然操作简单,但捆绑时形成层不易对准,成活率不高。合接方法见示意图1-15。

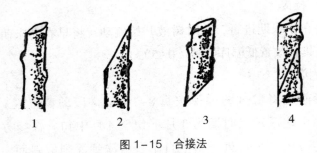

图1-15 合接法

二、矮化中间砧苗木的繁殖方法

繁育一株矮化中间砧苹果苗,正常繁育需3年育成。

（1）第一年春苗圃地播种实生种子,当年夏秋季（8—9月）在实生砧木种子苗上嫁接矮砧芽。

（2）第二年春剪砧，解除绑缚物检查成活率，未成活的砧木采用枝接（舌接）方法进行补接。夏季及时疏除萌蘖和加强当年的管护。8—9月经嫁接后的砧木苗已长成矮化砧半成苗，此期再在矮砧茎段上30cm处，嫁接品种芽。繁育 M_{26} 矮化中间砧木苗时，应在矮砧茎段40~50cm处嫁接品种芽，以利于发展矮化自根砧苹果园。

此外，夏季嫁接品种芽时，也可在矮砧茎段上每隔30~40cm采用多节嫁接的方法，加速繁殖矮砧段，第二年春结合剪砧收集矮砧段，蜡封后置于低温库中贮藏，早春再将矮砧段嫁接在砧木苗上，这种处理方法，虽然苗木可提前1年出圃，但嫁接成活率低，苗木长势弱。

（3）第三年春，在中间砧段品种芽上剪砧，未嫁接成活的砧段，早春在砧段上补接品种芽。

经过两次嫁接，3年管理，最终繁育出一株完整的矮化中间砧苹果苗。SH_6 矮化中间砧苹果苗木繁育过程见示意图1-16。

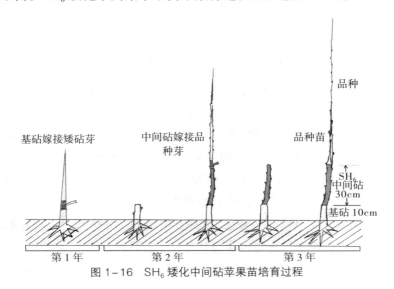

图1-16　SH_6 矮化中间砧苹果苗培育过程

三、矮化自根砧苗木的繁殖方法

繁殖矮化自根砧苗木，常用的基本方法是培土压条繁殖。培土压条繁殖的原理，是基于某些矮化砧木可以从茎部，即从活跃组织中诱发出根系。在新梢生长幼嫩期，在发根部位培上疏松的土壤，保持嫩梢处于无光、湿润、透气和一定的温度下，造成一个有利于生根的环境，促发新根。待生根后把枝条切离母株，成为独立植株的一种繁殖方法。矮化自根砧的繁殖包括直立压条、水平压条和扦插 3 种方法。

（一）直立压条法

将矮化砧母株按行距 2m 开沟做垄，沟深、宽均为 30~40cm，垄高 30cm，定植前要施足底肥，将母株按株距 30~50cm 定植在沟底。每亩定植母株 666~1 110 株。定植当年最好不进行培土压条，栽植当年母株生长势恢复后，再进行培土压条。第二年春，腋芽萌动前或萌动时，母株留基部 2cm 左右剪截，促使基部发生萌蘗。待萌蘗新梢生长高度达 20cm 左右时，北京地区在 5 月下旬至 6 月上旬，开始第一次培土，培土前进行灌水。培土时对过于密挤的萌蘗枝适当疏除，使之通风透光，有利于新梢的生长。这次培土的高度 10cm、宽度 25cm。之后，及时灌水保持土垄的湿润，并促使土垄与新梢紧密接触。约 1 个月后，萌蘗新梢高度达 40cm 左右时，进行第二次培土，培土高约 20cm，宽约 40cm。一般培土后 20d 左右开始生根。北京地区 6 月下旬至 8 月上旬是萌蘗新梢发根始期到盛期，此期间要及时灌水保持土壤湿润，结合中耕除草时，再补充少量培土，保持土垄原有的高度，促进生根。

入冬前，北京地区一般在 11 月上中旬进行分株起苗，分株起苗时首先要扒开土垄，自每根萌蘗基部，靠近母株处理 2cm 短桩剪截。分株起苗后，在母株剪口处，覆土少许，进行封垄，以防母株受冻或风干。翌年，再将封土扒开，重复用此法进行繁殖。直立压条法的过程见示意图 1-17。

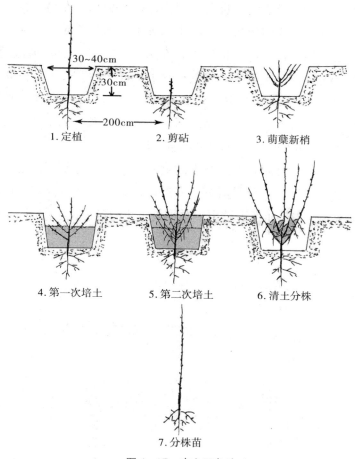

1.定植   2.剪砧   3.萌蘖新梢

4.第一次培土   5.第二次培土   6.清土分株

7.分株苗

图 1-17 直立压条法

（二）水平压条法

将矮化砧母株按行距 1.5m、株距 30~50cm 定植，每亩可定植 888~1 480 株。栽植时母株与沟底呈 45° 倾斜栽植。定植当年即可水平压条。压条时在腋芽开始萌动期，将母株顶端生长不充实的部分剪掉，然后沿压条方向耧 2cm 深的浅沟，将母株苗呈水平状压入浅沟内，并用铅丝固定，也可采用将母株苗梢部绑在另一株苗基部固定。压好后，浅沟覆盖疏松沃土，既不影响腋芽萌发，又可防止苗条在地表的灼伤。待新梢生长高度达 15~20cm（北京地区约在 6月上旬）进行第一次培土。培土高约 10cm，宽约 20cm。待新梢继续生长约 1 个月后，高度达 25~30cm 时，进行第二次培土，培土高 15~20cm，宽约 30cm。第二次培土后，母株上长出的小苗呈直线排列在垄背上，此期间的苗木管理同直立压条。

分株起苗的时间和方法基本同直立压条，但剪截时，是将基部生根的小苗自母株上分段剪下，靠近母株基部的地方保留 1 株或两株，待来年作水平压条繁殖用。水平压条法的过程见示意图 1-18。

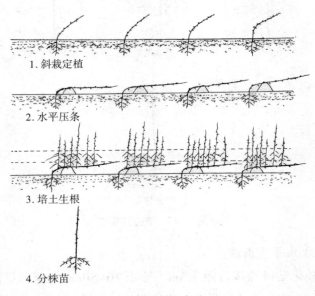

1. 斜栽定植

2. 水平压条

3. 培土生根

4. 分株苗

图 1-18 水平压条法

水平压条法在定植母株的当年即可用来繁殖。在矮化砧木来源较少的情况下，大多利用此法繁殖。直立压条法与水平压条法相比，繁殖初期，水平压条比直立压条出苗率高，但在管理上较为费工。直立压条方法简单，较省工。

（三）扦插繁殖

扦插生根的难易与砧木本身的特性有关，如 M_7、M_{26}、M_{27} 和 MM_{106} 等扦插较易生根，SH 系就不易生根。除砧木本身的特性外，环境条件的调节、控制与扦插生根的好坏关系密切。因此应注意土壤水分、温度、氧气、气温和空气湿度的调节。为了提高生根率和苗木根系的质量，常用生长素处理插条。比较常用的有生根粉、萘乙酸、吲哚乙酸等。扦插繁殖，因所用插条材料的不同，一般分硬枝扦插、嫩枝扦插和根段扦插 3 种方法。

1. 硬枝扦插

硬枝扦插所需插穗多在矮化砧母本园中于秋冬季采集 1 年生成熟枝条，剪留长度 15~20cm，上端剪平，下端剪成斜面，按 50~100 条捆成 1 捆，直立深埋在湿沙或锯末中，上部覆沙 5~6cm 厚；所处环境温度应保持在 4~5℃，促使插穗基部形成愈伤组织，翌春扦插前，圃地应施肥、整平，充分灌水。冬季贮藏期间有的插穗会形成不定根，可直接用于扦插；冬季贮藏期间未生根的插穗，用 40~50mg/L 吲哚乙酸浸泡插穗基部 20s 或用 1 500mg/L 吲哚丁酸液浸泡插穗基部 10s，然后扦插，可提高生根率。扦插时，按 50cm 行距开沟，依株距 10cm 将插穗斜放在沟壁后，覆土。扦插后保持土壤湿润。

2. 嫩枝扦插

嫩枝扦插需在具有人工弥雾装置的苗床内进行，苗床基质可用蛭石、细沙，或 3 份细沙 1 份泥炭混合，插穗采自矮化砧母本园生长健壮的半木质化新梢；剪穗前，对其遮光黄化处理，能够促进激素合成，加快生根速度。插穗长 10cm，留 2~3 个芽，保留上部叶片，下端剪成斜面，按行距 10cm、株距 2.5cm 扦插于苗床内。扦插后立即进行人工弥雾，先适当遮阴，后逐渐加光，经 4~6 周生根后，可移栽繁殖。

3. 根段扦插

可利用秋季矮化砧自根苗起苗后，残留在圃地内的、粗度 0.5cm 以上的根段；也可以由矮化砧母本园上剪取。根段长 10cm 左右，下端剪成斜面；50~100 条捆扎于温室内的塑料薄膜袋中。扦插后，温度保持在 15℃；经 7~10d 后待抽穗生根，将温度升高到 21℃，促使不定芽萌发生长。此法繁殖速度快、效率高，春季将砧苗移栽，秋季可达芽接粗度。

第七节　苗木出圃、检疫与分级

一、出圃

苗木出圃一般多在春季土壤解冻后至萌芽前进行。北京地区苗木出圃于 3 月下旬至 4 月初，起苗前 1 周需灌一遍水，并对苗木做好说明标签，包括品种、等级、产地、出圃日期等。起苗时最好用小型挖掘机起苗，有利于根系完整，效率高。起苗后按 1 类、2 类苗木分好级，剪除萌蘖枝和砧桩并打好捆，每捆系上 1~2 个品种说明标签。远途运输需用草袋或塑料包装物进行包装，避免运输途中的水分散失，影响苗木的成活。

二、检疫

苗木出圃前，应报请当地植物检疫部门进行产地检疫，经确认无检疫对象并取得检疫合格证后方可出圃运输。

三、苗木分级

SH$_6$矮化中间砧品种苗木质量标准见表1-9。

表1-9　SH$_6$矮化中间砧品种苗木质量标准

类别		苗木等级	
		一级苗木	二级苗木
中间砧段长（cm）		25~30	25~30
萌蘖及砧桩剪除		良好	良好
根系	主侧根数量	6条以上	5条以上
	主侧根长度	20cm以上（无毛根病）	20cm以上（无毛根病）
	苗木粗度	品种基粗1.2cm	品种基粗1.0cm
	苗木高度	1.50m以上	1.10m以上
	苗木充实度	髓心小，整形带芽饱满	髓心小，整形带芽饱满

四、苗木假植

苗木的假植，主要针对外埠远途运输的苗木，苗木的运输最好在晚秋上冻前完成。苗木购入后及时挖好假植沟，假植沟的沟长、宽取决于苗木的数量。一般假植沟深1.5m左右、以南北行向为宜。苗木假植时先将沟底铺一层10cm厚的湿沙，解开苗木捆，由南至北按30°倾斜逐一摆放苗木，放一排填实一排土，直至假植完成。埋土的厚度以露出苗木10cm左右为宜。墒情好的苗木假植沟假植时可不灌水，墒情差的应灌水保墒。翌年早春土壤解冻后及时清土出苗，避免地温升高造成根系的霉烂。春季临时假植的苗木，可分排成捆斜向摆放沟内，将根系及苗干的50cm以下部位填土埋严即可。

五、分枝苗的处理

SH$_6$矮化中间砧苹果苗木，大多是3整年培育完成的，苗木出圃时多带有分枝，栽植后往往容易将副梢分枝保留，以达到幼树早期结果的目的。实践证明，保留下的副梢分枝大多过粗，枝干比不合理，整形期树形易紊乱。因此，定干后应及时将过粗的主枝疏除或极重短截，仅留基部 1~2 个瘪芽，有利于控制枝干比例，培养稳定合理的树形。

第八节　苹果的主要优良品种

一、早熟品种（8 月底前成熟）

（一）津轻（Tsugaru）

金冠 × 红玉杂交培育。日本青森县苹果试验场于 1975 年育成。

平均单果重 300~350g，成熟初期果面条红状，成熟后全红。可溶性固形物含量 13.5%，风味浓、品质佳。树势中等，成花容易、丰产，喜肥水，有采前落果现象。贮藏性一般，自然条件下贮藏 1~2 周，普通冷藏 1.5 个月。北京地区 8 月下旬成熟。

（二）津轻姬（Tsugaru Hime）

津轻着色优系芽变品种，日本青森县北津轻郡板柳町石沢邦彦先生选出。

平均单果重 300~350g，果实长圆形，果肉黄白色，硬度大，果易着色，果面有红色条纹，品质佳。北京地区 8 月下旬成熟。

（三）芳明津轻（Hohmei Tsugaru）

津轻着色优系芽变品种，日本长野县山内町古幡芳明先生选出。

平均单果重 300~350g，果实圆形或长圆形，果面暗红色，着色早，果实硬度大，栽培容易。成熟期在日本青森县 9 月上旬，北京地区 8 月下旬。

（四）桑沙（Sansa）

嘎啦×茜杂交培育。日本农林水产省果树试验场盛冈支场育成。

平均单果重250~300g，果实圆锥形，果面鲜红色，果肉黄白色，果汁多，硬度大，不宜变绵，贮藏期长，风味浓，甜酸可口，品质上乘，是早熟品种中的优良品种。树势中等，喜肥水，花粉量大，是授粉和鲜食的兼优品种。无采前落果现象。北京地区果实成熟期为8月中下旬，比津轻早熟1周左右。早熟品种见图1-19。

桑沙　　　　　　津轻　　　　　　芳明津轻

图1-19　早熟品种

二、中熟品种（9月初至10月初成熟）

（一）早生富士（Honoka）

富士着色系芽变早生品种。日本青森县平川市宏船景幸园内选出。

平均单果重360~400g，果实长圆形，果面浓红色，果肉黄白色，硬度大，果汁多甜酸。树势偏弱，丰产性强。北京地区于2007年引进栽植，成熟期在9月中旬。

（二）弘前富士（Hirosaki Fuji）

富士着色系芽变早生品种。日本青森县弘前市大鳄胜四郎先生选出。

平均单果重300~350g，果实长圆形，果面浓红，果肉黄白色，果蜜多，品质佳。树势偏弱，新梢有弯曲生长的性状。北京地区果实成熟期为 9 月下旬。

（三）信浓甜（Shinano sweet）

富士 × 津轻杂交培育品种。日本长野县果树试验场育成。

平均单果重 300~350g，果实圆形、浓红，果面红色条纹明显，果肉细嫩多汁，可溶性固形物含量 13% 左右。树势中等、成花容易、丰产性强、无采前落果。自然贮藏 2~3 周、普通冷藏 2 个月。北京地区果实成熟期为 10 月初。

（四）信浓金（Shinano gold）

金冠 × 千秋杂交培育品种。日本长野县果树试验场育成。

平均单果重 300~350g，果实长圆形，果面金黄色，果肉硬脆多汁，可溶性固形物含量 16% 以上，品质上乘。树势中等，成花容易，丰产性强，无采前落果。自然条件下可贮藏 1 个月以上，普通冷藏 3 个月以上。北京地区普通乔砧成熟期为 10 月中下旬，与富士成熟期近似。嫁接在 SH_6 矮砧上，为 8 月底至 9 月初成熟。中熟品种见图 1-20。

| 信浓金 | 早生富士 | 信浓甜 |

图 1-20　中熟品种

三、晚熟品种（10 月中旬后成熟）

（一）富士系（Fuji）

国光 × 红星杂交培育。日本农林省东北农业试验场园艺部于 1962 年命名。果实品质好、贮藏期长。从普通富士品种芽变中选出的着色优系，比普通富士易着色，内在品质也有差异，进而得到全面推广应用。

1. 工藤富士（Gongteng Fuji）

北京昌平于 1978 年由日本岩手县引进的着色富士。

平均单果重 300~350g，果实圆或长圆形，果面浓红间有条纹，果肉黄白色、硬度大、多汁，可溶性固形物含量 15% 以上。树势中等偏强，丰产性强，北京地区果实成熟期为 10 月下旬。

2. 宫美富士（Miyabi Fuji）

北京昌平于 2007 年由日本青森县引入栽培。

平均单果重 300~350g，果实圆形或长圆形，着色早，从条状着色至成熟为浓红色，树冠内膛果实也易着色，梗、萼洼全红，着色管理省工。北京地区乔砧树果实成熟期 10 月下旬。

3. 三岛富士（Mishima Fuji）

北京昌平于 2007 年由日本青森县引入栽培。

平均单果重 300~350g，果实圆形或长圆形，着色浓红，红色条纹明显，属富士着色二系，着色管理省工。北京地区乔砧树果实成熟 10 月下旬。

（二）王林（Ohrin）

金冠 × 印度杂交培育。日本福岛县大槻只之助先生于 1952 年育成。

平均单果重 300~350g，果实圆锥形、硬度大，果黄绿色，果实甘甜多汁，芳香味浓，品质上乘，可溶性固形物含量 16% 以上。成花容易丰产，枝条硬、角度小，修剪时要注意开张角度。北京地区果实成熟期 10 月上中旬。晚熟品种见图 1-21。新品种及主要品种一览见表 1-10、表 1-11。

王林　　　　　　　工藤富士　　　　　　　优系富士

图 1-21　晚熟品种

表 1-10　新品种及主要品种来源一览

	品种	亲本组合	培育地	审定年份	成熟期
早熟品种	津轻	金冠 × 红玉	日本青森	1975	北京 8 月下旬
	桑沙	嘎啦 × 茜	日本盛冈	1988	北京 8 月中下旬
	嘎啦	桔苹 × 元帅	新西兰	—	北京 7 月下旬
	秦阳	嘎啦实生选育	中国陕西	2005	北京 8 月上旬
	意大利早红	嘎啦自然杂交选育	意大利		陕西 7 月下旬
中熟品种	弘前富士	富士芽变	日本青森	未审定	北京 9 月中旬
	秋阳	—	日本山形	2008	日本 10 月上旬
	千秋	东光 × 富士	日本秋田	1980	日本 10 月上旬
	涛凯 (Toki)	王林 × 富士	日本青森	2004	北京 9 月下旬
	信浓甜	富士 × 津轻	日本长野	1996	北京 10 月初
	信浓金	金冠 × 千秋	日本长野	1999	北京 9 月初 /SH$_6$
	乔纳金	金冠 × 红玉	美国纽约州	1962	北京 10 月初
	世界一	红星 × 金冠	日本青森	1972	北京 10 月初

（续表）

	品种	亲本组合	培育地	审定年份	成熟期
中熟品种	首红	新红星芽变	美国	—	北京 9 月中下旬
	天汪一号	红星芽变	中国天水	2003	甘肃 9 月中旬
	蜜脆	Macoan × Honoygld	美国	2006	陕西 9 月中旬
晚熟品种	工藤富士	富士芽变	日本岩手	不详	北京 10 月下旬
	宫美富士	富士芽变	日本秋田	不详	北京 10 月下旬
	三岛富士	富士芽变	日本秋田	不详	北京 10 月下旬
	王林	金冠 × 印度	日本福岛	1952	北京 10 月上中旬
	信浓金	金冠 × 千秋	日本长野	1999	乔砧 10 月下旬
	金星	金冠 × 红星	日本青森	1974	北京 10 月下旬
	北斗	富士 × 陆奥	日本青森	1983	北京 10 月中旬
	陆奥	金冠 × 印度	日本青森	不详	北京 10 月上旬
	粉红女士	威廉女士 × 金冠	澳大利亚	不详	陕西 11 月上旬

表 1-11　新品种及主要品种果实性状一览

	品种	果形	果颜色	单果重 (g)	风味品质
早熟品种	津轻	圆 – 长圆	红间条红	300	糖度 13%、酸度 0.25
	桑沙	圆锥形	鲜红	250	甜酸适口
	嘎啦	圆锥形	鲜红	190	可溶性固形物 13.5%
	秦阳	圆形	红间条红	200	可溶性固形物 12%
	意大利早红	圆锥形	鲜红	220	肉质细脆多汁、酸甜
中熟品种	弘前富士	圆 – 长圆	浓红	300~350	糖度 13.8%、酸度 0.36
	秋阳	圆 – 圆锥	红	350	糖度 15%、酸度 0.6
	千秋	长圆锥	红间条红	300	糖度 14%、酸度 0.5
	涛凯 (Toki)	圆 – 扁圆	黄绿	300~400	糖度 15%、酸度 0.25
	信浓甜	圆形	红间条红	300	糖度 14%、酸度 0.3

（续表）

	品种	果形	果颜色	单果重(g)	风味品质
中熟品种	信浓金	圆形	金黄	300~350	糖度15%~16%/SH_6矮砧
	乔纳金	圆－长圆	红间条红	350	糖度14%、酸度0.45
	世界一	圆锥形	红间条红	500	品质一般
	首红	圆锥形	浓红	270	质脆多汁、风味浓
	天汪一号	圆锥形	浓红	300	可溶性固形物14%
	蜜脆	圆锥形	红间条红	330	果肉黄白、香气浓郁
晚熟品种	工藤富士	圆－长圆	浓红	300~350	糖度13.8%、酸度0.4/SH_6
	宫美富士	圆－长圆	浓红	300~350	糖度14%、酸度0.4/M_{26}
	三岛富士	圆－长圆	红间条红	300~350	可溶性固形物14.5%
	王林	长圆锥	绿黄	300	糖度15%、酸度0.3
	信浓金	圆－长圆	黄色	350	糖度14%~15%、酸度0.5/乔
	金星	圆－圆锥	黄色	350	糖度14%、酸度0.35
	北斗	圆－扁圆	红间条红	400	糖度15%、酸度0.4
	陆奥	圆－长圆	黄绿	400~600	甜酸适口
	粉红女士	长圆形	鲜红	200	果肉硬脆、酸甜适口

第二章

矮砧苹果园的建立

第一节　园地的选择

苹果栽培适宜的年均温度为 8.5~14℃，无霜期为 170d 以上，年降水量 500mm 以上。最好为壤土厚度 1m 以上，土层薄的河滩地、沙土地应扩坑换土改良土壤。苹果栽培适宜的土壤 pH 值为 6.5~8.0，地下水位在 1m 以下为宜。苹果成熟前的 9—10 月间，昼夜温差大于 10℃以上，有利于果实着色。北京昌平山前暖带为苹果栽培的适宜区域，背风向阳，日照充足，土层深厚，地下水丰富。此外，在暖带以外的一些日照充足的山区小气候环境也可建园。

生产无公害果品，园地的选择还应考虑园址的环境质量、空气卫生质量、灌溉水卫生质量和土壤卫生质量，都应符合国家农业行业标准《农产品安全质量无公害水果产地环境要求》（GB/T 18407.2—2001）。

第二节　授粉树的配置

一、配置授粉树的原则

保证苹果正常授粉受精，是提高产量和品质的重要条件之一。

苹果虽有两性花，但自花结实差，坐果率低，有的如乔纳金、北斗、陆奥等为三倍体品种自花不孕。因此，建园时应考虑授粉品种的配置。授粉树配置原则如下。

（1）与主栽品种有良好的亲和力，并能互相授粉。

（2）开花期与主栽品种基本一致，具有大量花粉。

（3）适应栽植地区的自然条件。

（4）果实经济价值高，与主栽品种管理条件相似。

二、配置授粉树的方式

（一）等量栽植

授粉树与主栽品种按2∶2、3∶3或4∶4排列栽植。

（二）差量栽植

授粉树与主栽品种按1∶3或1∶4排列栽植。

（三）三倍体的混合栽植

三倍体（花量少的品种）与双倍体品种配置。三倍体与双倍体品种配置见示意图2-1。苹果主要品种的适宜授粉树见表2-1。

```
△ ★ ● ● ★ △
△ ★ ● ● ★ △
△ ★ ● ● ★ △
△ ★ ● ● ★ △
```

注：★3倍体；△2倍体；●2倍体

图2-1　三倍体与双倍体品种配置

表2-1　苹果主要品种的适宜授粉树

主栽品种	授粉品种
富士	王林、桑沙、信浓金、红星等
早生富士	桑沙、津轻、信浓甜、嘎拉等
桑沙	津轻、嘎啦、涛凯等

（续表）

主栽品种	授粉品种
信浓甜	信浓金、富士、津轻等
信浓金	富士、信浓甜、津轻、王林等
津轻	桑沙、嘎啦、红星、王林等
乔纳金等三倍体品种与富士混栽	王林、信浓甜、桑沙等

第三节　土壤改良与培肥地力

土壤是果树生长发育的基础，是养分和水分的源泉。土壤由固、液、气三相组成，理想的土壤固相50%（土壤腐殖质4%）、液相25%、气相25%。土壤有机质含量高，土质疏松，通气良好，则微生物活跃，有利于有机物的分解和团粒结构的形成，减少矿质元素的流失，同时还可缓冲土壤酸碱度调节pH值。因此，栽植前的土壤改良、培肥地力非常重要。

一、新建园的土壤改良

晚秋或早春将规划好的园片，按栽植行向分两次施入腐熟过的有机肥，每亩施入量为$10m^3$左右，其中鸡粪占30%，牛、羊粪占70%，肥料铺施宽度为2~2.5m，将肥料混合后再进行铺施。

第一次有机肥施入量为$6~7m^3$/亩，铺施厚度为10~15cm，铺施后用小型机械进行翻耕，深度为50~60cm，翻耕时将肥料与土壤充分混合均匀。此次翻耕可加入麦糠、稻糠或粉碎的秸秆等有机物，可有效提升果园土壤有机质水平。

第二次有机肥施入量为$3~4m^3$/亩，铺施厚度为5~10cm，深度为30~40cm，翻耕时将肥料充分混合均匀，将地整平。此次翻耕深度较浅，有利于幼树对养分的吸收。

施肥改土后及时灌水，使土壤泅实，栽植后苗木不易倾斜，成活率高。

二、老苹果园的土壤改良

老苹果园更新改造后建立新果园，最突出的是果园重茬问题。老树根系在土壤中由于多年积累了有害物质（镰刀菌群落），从而抑制了土壤中酶的活性，导致新植幼树成活率不高，树体生长发育不良，甚至出现连年死树的现象，给果园带来难以挽回的损失。老苹果园更新改造，解决重茬问题主要应采取以下措施。

（一）清除残根，深翻改土

晚秋或早春老苹果树更新砍伐后，沿栽植行向深翻改土，沟宽2.5m，深80cm。深翻时先将30~40cm的表土挖放一侧，再将50~80cm的心土挖放另一侧，并及时捡出残根。回填时先将表土回填至沟底，上部再回填心土，将地整平后再分两次铺施有机肥，每亩施入量为10m³，施肥方法同新建园的土壤改良。此外，结合施用有机肥也可施入适量的秸秆等有机物，对克服果园重茬、改良土壤起到重要作用。北京昌平的苹果矮砧密植园，大多是由老苹果园更

图2-2　老苹果园更新改造后土壤的施肥方法

新改造后发展的，建园时由于结合深翻改土，加大有机肥施肥量，使新植幼树成活率高，树体生长发育正常，很好地解决或减轻老果园的重茬问题。老苹果园更新改造土壤的施肥方法见图 2-2。

（二）定植穴范围局部灭菌

春季幼树栽植时，沿定植行方向挖长、宽、深各 40cm 的定植穴，挖后撒入 30g 多菌灵（有效成分 80%），并与穴土混匀，然后栽植幼树，栽后及时灌水。据报道，多菌灵、代森锰锌和咯菌腈等三种化学杀菌剂对镰刀菌的控制效果较好，有利于提高幼树的成活和促进生长。

（三）果园轮作

实践证明解决果园的重茬问题，最好的方法是果园实行轮作，老树更新后连续种植豆科作物 1~2 年，有利于降解苹果连作土壤镰刀菌群落的毒素，提高土壤酶的活性，保证苹果的正常生长和结果。

第四节　栽植时期和方法

一、栽植株行距

采用 SH_6 矮化中间砧细长纺锤形树形，一般栽植株行距为 $2.5m \times 4m$，每亩定植 67 株。河滩地或较瘠薄土壤，栽植株行距为 $2m \times 4m$ 或 $2m \times 3.5m$，每亩分别定植 83 株和 95 株。SH_6 矮化中间砧苹果定植株行距见表 2-2。

表 2-2　SH_6 矮化中间砧苹果定植株行距

砧木种类	园地地力	主栽品种	株行距（m）	栽植株数（株/亩）
SH_6	高	富士等	2.5×4	67
		津轻等	2×4	83

（续表）

砧木种类	园地地力	主栽品种	株行距（m）	栽植株数(株/亩)
	中	富士等	2×4	83
SH₆		津轻等	2×4	83
	低	全品种	2×3.5	95
	高	富士等	2×4	83
		津轻等	2×3.5	95
M₂₆	中	富士等	2×4	83
		津轻等	2×3.5	95
	低	全品种	2×3.5	95

注：1. 地力高：有效土层 >80cm；地力中：有效土层 >60cm 左右；地力低：有效土层 40~50cm
　　2. 津轻等：津轻、乔纳金、王林、信浓金等耐短截的品种；富士等：生长势强、不耐短截的品种

二、栽植时期

北京地区主要以春季栽植为主。一般为 3 月下旬至 4 月初苗木发芽前栽植完成。晚秋栽植需卧土防寒或栽后缠塑料条防寒。

三、栽植方法

（一）SH₆ 矮化中间砧苹果苗木的栽植

本地苗木由于运输距离近，风土适应性强，栽植时一般不采用消毒蘸泥浆的处理方法。外阜苗木由于运输距离远，苗木容易散失水分，栽植时苗木的根系需要浸泡 12~24h 补充水分，再用 0.3% 高锰酸钾液消毒，并用清水洗净后蘸泥浆进行栽植。经改良后的土壤定植穴的长、宽、深均为 40~50cm。SH₆ 矮砧苗木栽植深度，以基砧露出地表 10cm 为宜，中间砧段栽植过深或因连年施肥，易使部分砧段长期埋入土中，由于 SH₆ 中间砧段不易生根，加之土壤透气性差，砧段很容易朽烂，最终导致树势衰弱和死亡。因此，应高度重视 SH₆ 矮砧苗木的栽植方法。栽植时使根系舒展，扶正并与纵横

48

行对齐，边回填边踩实，使基砧露出地表 10cm 左右为宜。栽后及时灌水，此后每隔 10~15d 灌 1 次水，连续灌水 2~3 遍。

（二）M$_{26}$ 矮化自根砧苹果苗木的栽植方法

M$_{26}$ 矮化自根砧苹果苗木的栽植，关键是自根砧段的栽植深度，在繁育自根砧苹果苗木时，自根砧的砧段长度一般为 40cm 左右。栽植过深，发根量大，树势生长旺。栽植过浅，发根量少。树的长势弱、固地性差、易倒伏。正确的栽植方法是将自根砧段的 1/2 埋入土中，1/2 露出地面，回填土后，踩实灌水即可。

（三）M$_{26}$ 矮化中间砧苹果苗木的栽植方法

建立 M$_{26}$ 矮化自根砧苹果园时，生产上通常利用矮化中间砧苹果苗木经紧缢处理后，再进行栽植，使之成为矮化自根砧苹果苗（树）。未经紧缢处理的苗木，栽植后易出现苗木生长不良等问题，如苗木栽植过深（基砧根系和部分中间砧段埋入土中，或中间砧段全部埋入土中）透气性差，苗木前期生长弱，不发苗，后期生长在双层根的作用下，树势生长旺，开花结果晚；如栽植过浅，中间砧段全部露出地面，仅基砧根系在起作用，树势弱，易早衰。M$_{26}$ 矮化中间砧苹果苗木的正确栽植方法如下。

1. 紧缢

栽植前先对苗木进行紧缢处理，即在基砧和中间砧的嫁接接合部，用细铅丝缠绕 1~2 圈，铅丝的松紧度以不破坏皮层为宜，处理后再进行栽植。

2. 栽植

栽植时将基砧根系全部和 M$_{26}$ 中间砧段的 1/2 埋入土中，1/2 砧段露出地面，栽后覆土踩实灌水即可。栽植后的苗木前期生长主要依赖于基砧根系吸收水分和养分。随着树体生长，紧缢后的基砧根系生长受到抑制，与此同时埋入土中的中间砧段不断发出新根，最后形成自根砧根系，在中间砧段加粗生长的作用下，基砧根系则逐渐萎缩，直至脱落，丧失根系的功能，最终使矮化中间砧苹果苗形成矮化自根砧苹果苗（树）。这一栽植方法在日本农家果园应用较为普遍，在我国适宜发展 M 系矮化自根砧的区域，今后也可借鉴这一方法。M_{26} 矮化中间砧形成矮化自根砧苹果苗的栽植方法见图2-3。

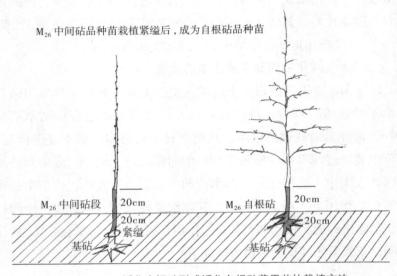

图2-3　M_{26} 矮化中间砧形成矮化自根砧苹果苗的栽植方法

第五节　矮砧支柱设施的建立

一、支柱设施建立的必要性

无论用 M_{26} 矮化自根砧或用 SH_6 矮化中间砧建立的苹果矮砧园，支柱设施建立是不可或缺的。M_{26} 矮化自根砧苹果园，根系分布层主要集中在 20~30cm 的深度，由于根系浅，因而栽植时必须设立支柱，以提高树体的固地性，防止倾斜。SH_6 矮化中间砧苹果园，基砧为八棱海棠砧，根系虽有较好的固地性，但栽植时也应插立支柱，其主要优点如下。

（一）提高树体的固地性

SH_6 矮砧树虽然以八棱海棠为基砧，但树体的根系由于受中间砧段养分上下运输不畅的影响，从而使基砧根系的生长受到抑制。通过调查，SH_6 矮砧树根量明显少于乔砧树，且根系粗，根皮率高，根系主要集中分布层在 30~40cm 处，分布范围小，使树体固地性变差。因此，建立矮砧密植园时应设立支柱。7 年生 SH_6 矮砧富士树体根系情况见图 2-4。

图 2-4　7 年生 SH_6 矮砧富士树体根系情况

（二）保持树体直立，提高树体的抗风性

苹果细长纺锤形树形，由于冠径小，树体细长，树高达 4m，抗风能力较差，结果后树体极易倾斜，树势不稳定，造成果园的减产。因此，矮砧密植园建立支柱设施，有利于保持中干直立和提高树体的抗风能力。

（三）有利于提高负载能力

矮砧园进入盛果期结果后，单株结果量每年可保持在 300~350 个果，株产 75~90kg，亩产 5 000kg 左右。据调查，苹果细长纺锤树形，中下部主枝结果量占 60%~70%，由于大量结果，负载过重，主枝极易下垂劈裂，且角度开张过大，易打破生长与结果平衡关系，树势不稳而造成减产。因此，在幼果期利用园内支柱设施，即第一、二层铅丝（一层铅丝距地面 2m；二层距一层铅丝 1m），将角度过大的主枝，用绳提拉固定在铅丝上（吊枝），将主枝角度恢复至水平状。因此，果园支柱设施的建立，有利于保持树势平衡，提高负载能力，达到连年稳产高产的目的。

二、支柱设施的建立

（一）安装时期和选择的材料

矮砧支柱设施的建立，应在幼树定植前完成，便于支柱设施的安装和园片建设的整齐规范。没有建立支柱的，应在建园后的当年完成，过晚影响幼树期的整形和早期产量的形成。

支柱设施的选择，分铁制杆、水泥杆和木制杆 3 种类型材料。铁制杆耐用、美观，但造价较贵，水泥杆、木制杆虽造价便宜，但不延年。在建立矮砧支柱设施时，可根据实际情况灵活选用。

（二）支柱安装

支柱设施建设由主杆、附主杆和支柱 3 种材料组成。以铁制杆为例，施工时在每行树的两端先竖立主杆，高 3.5~4m，粗 9cm，在主杆间每隔 25m（10 株树左右），竖立附主杆，高 3.5~4cm，粗 6cm，在竖立主杆和附杆前地下应提前预埋好水泥基座，便于主、附杆框架的固定和防止铁制杆基部的氧化锈蚀。主、附杆间共设 2 道铅丝，第 1 道铅丝距地面 2m，第 2 道铅丝距地面 3m，设置两道铅丝的主要目的，一是便于整形期树体中上部的主枝拉枝开角；二是结果期因主枝大量结果后容易下垂劈裂，利用1~2道铅丝提前吊枝，有利于提高负载能力；三是铅丝设置一定的高度，便于园内的作业。主、附杆安装完成后，在每株树旁的左侧或右侧10~12cm处插立支柱，选择的支柱（铁管）高为4m，直径2~2.5cm，支柱插入土中的深度为30cm左右，露出地面的高度为3.5~3.8m。支柱插立后利用各行间的附支柱，并在顶部用铅丝横向连接固定好各树行，使全园支柱设施形成一个牢固耐用的整体。矮砧支柱设施配置见图2-5。矮砧支柱设施配置见图2-6。

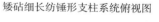

矮砧细长纺锤形支柱系统俯视图

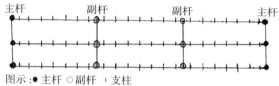

图示：● 主杆 ○ 副杆 ╷ 支柱

矮砧细长纺锤形支柱系统平视图

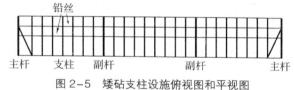

图2-5 矮砧支柱设施俯视图和平视图

北京昌平细长纺锤形矮砧支柱工程施工图

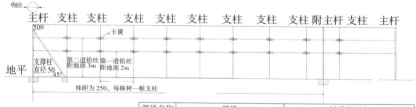

预制件规格 预埋铁规格

单位：mm

部件名称	规格	材质及要求
主杆/支撑杆	内径80/50，主杆高4.5m，壁厚2.75	热镀锌国标管，每行树地头两侧为主杆
附主杆	内径50，高4.5m，壁厚2.75	热镀锌国标管，每隔20~25m一根
支柱	外径18，高3m，壁厚2	热镀锌国标管，每树一根
卡簧	长180，钢丝粗度2	每小杆2个
水平铅丝	钢绞线，5~7股	热镀锌
预制件	预制件为C20混凝土，做法见左图	

图2-6 矮砧支柱设施配置施工

第六节 栽植当年的幼树管理

一、定干、刻芽

幼树定植后及时定干，定干高度因苗木质量而异，苗基粗（品种嫁接口上直径）1.2cm 以上，苗高 1.6m 左右，定干高度为 1~1.2m，苗基粗 1~1.2cm，苗高 1.3m 左右，定干高度为 0.9~1m。定干时第一芽朝西北方向，有利于延长梢的生长和中干的直立。定干后带有分枝的苗木，粗度大于主干的 1/3，从基部疏除或极重短截，仅保留基部 1~2 个瘪芽。栽后 10d 左右开始刻芽，刻芽过早，幼苗根系尚未活动，苗干易散失水分，影响苗木的成活和生长。刻芽时苗干自上而下刻 5~7 个芽，由于先端 1~4 芽自然萌发、成枝率高，所以不刻，仅刻中下部不易萌发的芽（距地面 50cm 以下的芽不刻伤）。刻芽时采用螺旋放射状，在芽上方 0.5~1.0cm 距离、宽 1cm 左右的范围，用小锯条呈弧形刻芽，达到木质部即可。据调查定植当年的幼树，刻芽后，平均单株中长枝量可达 10 条以上，比未刻芽的幼树增加枝量 1 倍以上。

二、树下管理

苗木定植后，一般两周左右芽开始萌动，30d 后苗木的成活率高低基本定型。

栽后连续灌水 3 次，每次灌水后要及时松土保墒。此后，5 月中下旬根据土壤墒情及降雨情况，墒情差的应及时灌水，以促进幼树新梢前期生长。6—8 月间北京地区多为雨季，注意控水和排涝，防止新梢的徒长。9—10 月间秋施有机肥后灌水，越冬前灌足冻水。夏季管理中，要做好树下的中耕除草，同时做好金龟子、蚜虫、卷叶虫等虫害的防治工作。

三、树上管理

（一）控制竞争枝生长

5月中旬左右，定干后的幼树，当剪口下 2~3 芽生长达 15cm 以上时，进行极重短截，仅保留基部 2~3 片叶，新梢极重短截后有利于促进主干延长梢的生长，提高下部芽子的萌发率和成枝率，使幼树枝量迅速增加。通过调查，2~3 芽枝夏季不进行极重短截，枝条生长势强，幼树发枝少，成枝率低，且影响当年主干延长梢的生长。

（二）夏季新梢摘心

1. 第一次摘心

5月中下旬，除主干延长梢和控制过的 2~3 芽枝不进行摘心处理外，其余新梢生长凡达到 21cm 以上时都要及时摘心控制。第一次摘心后新梢保留长度为 20cm，由于新梢生长的差异性，本次摘心需重复 2~3 次。

2. 第二次摘心

第一次摘心后的新梢约停长 15d，开始进行第二次生长，6月中下旬当新梢再次生长到 21cm 以上时，继续摘心控制，新梢的剪留长度仍为 20cm，此时，经过两次摘心后的新梢长度已达 40cm 左右。此后新梢生长够长度的，仍在 20cm 处剪留。北京地区新梢夏季摘心需进行 2~3 次。

幼树期的新梢摘心，是培养苹果细长纺锤形树形的一项关键性技术措施。摘心后有利于控制新梢的加粗生长，培养的主枝干枝比合理，幼树整形期主枝易抓盲节耐短截，且中后部芽子饱满，自然萌发率高，枝条前后不易光秃脱节，短枝和叶丛枝形成比例大，易成花，结果早。

（三）开张角度

6月中下旬，结合新梢第二次摘心，用两头尖的牙签开角，开角时牙签的一端先扎入新梢基部背上皮层，另一端扎入苗干，将基角开张至 90°，角度不能支得过大或过小，此方法简单、效果好。7—8 月间待新梢生长 40~50cm 半木质化后，再利用 "E" 形别枝器，调整新梢的腰角和梢角至水平状。

（四）剪秋梢

9 月下旬至 10 月初，对未停长的新梢进行摘心控制，剪去新梢 3~5cm 的幼嫩部分，停长封顶的不动。剪秋梢有利于减少养分消耗，促进枝条充实和幼树的安全越冬。

（五）越冬防寒

SH_6 矮砧幼树越冬时，一般不采取特殊的防寒措施，也可安全越冬。但浮尘子危害较重的果园，或为避免冬季极端低温的影响，可采取枝干缠塑料条的方法，防止幼树越冬抽条。具体方法：缠条前先将塑薄膜裁剪宽 1.5~2cm、长 50~60cm 的塑料条，为减少缠条的工作量，先修剪后再进行缠条处理。缠条时将新梢连同苗干缠严（短枝和叶丛枝不缠），缠至苗干的根茎部为宜。翌年的 3 月底至 4 月初，再将塑料条解除。此处理方法虽然费工，但防止幼树越冬抽条效果明显。2 年生以上的幼树，越冬时就不用再次缠塑料条防寒。

第三章

苹果矮砧细长纺锤形整形修剪技术

苹果矮砧密植栽培，采用的树形有很多，如细长纺锤形、高纺锤形、"Y"字形、自由纺锤形、圆柱形和小冠疏层形树形等。本章节重点介绍苹果矮砧细长纺锤形的整形修剪技术。

第一节　树体结构特点

一、树形

（1）树高 3.5~4.0m。

（2）干高 70cm。

（3）永久性的主枝 18~21 个，主枝由下至上呈螺旋放射状排列。

第一层距地 0.7~1.5m 主枝数 7~8 个，冠径 1.1~1.2m；第二层距地 1.5~2.3m 主枝数 6~7 个，冠径 0.9~1.0m；第三层距地 2.3~3.1m 主枝数 5~6 个，冠径 0.7~0.8m；第四层距地 3.1m 以上，直接着生结果枝组。

（4）主枝角度 90°，呈水平状延伸。

（5）枝干比为 1：3（主枝粗是主干的 1/3）。

（6）叶果比（40~50）：1。

（7）结果枝组 110~135 个。

二、细长纺锤形树形优点

（一）树体结构简单、修剪容易

细长纺锤形树形，主要由中心干和主枝两部分构成，中心干直立挺拔，并保持树体一定的高度。主枝角度呈水平状，主枝两侧直接着生小型结果枝组，分枝级次低，树体通风透光好，修剪技术简单，各类枝处理方法清晰，适合规范化或标准化修剪。

（二）整形容易、成形快、结果早

细长纺锤形树形，定植第三年完成树形并开始结果，4~6 年进入初果期，7~8 年进入盛果期。

（三）立体化结果、产量高

细长纺锤形树形，树体细长，冠径小，采光好，可实现立体化结果。盛果期树单株平均结果量 300~350 个，亩产可达 4 000~5 000kg。

（四）适合集约栽培和机械化操作

细长纺锤形树形，采用宽行窄距的栽植方式，株行距为（2.5m×4m）~（2m×4m），每亩可栽植 67~83 株，比普通乔砧树增加近 1 倍的株数，土地光能利用率高，在有限的土地面积上，比普通乔砧树增加 40%~50% 的产量。此外，细长纺锤形树形进入盛果期后，行间仍可保留 2m 左右的空间，作业

树高 350~400cm
枝组 10 个

310cm 主枝 5~6 个
冠径 70~80cm
枝组 20~25 个

230cm 主枝 6~7 个
冠径 90~120cm
枝组 30~40 个

150cm 主枝 7~8 个
冠径 110~120cm
枝组 50~60 个

干高 70cm
主枝数 18~21 个
枝组数 110~135 个

图 3-1　细长纺锤形树体结构

便利，适合机械化操作。细长纺锤形树体结构见图 3-1。细长纺锤形树体结构参照标准见表 3-1。

表 3-1　细长纺锤形树体结构参照标准

树体高度（m）	主枝数（个）	结果枝组（个）	树冠半径（m）	结果数量（个）
0~1.5	7~8	50~60	1.1~1.2	105~120
1.5~2.3	6~7	30~40	0.9~1.0	70~80
2.3~3.1	5~6	20~25	0.7~0.8	60~70
3.1 以上	0	10	0.3~0.4	24~30
总计（0~4.0）	18~21	110~135	0.3~1.2	260~300

第二节　修剪反应（富士品种）

一、短截

剪掉 1 年生枝条的一部分统称为短截。短截分为轻短截、中短截、重短截和极重短截 4 种剪法，在整形和修剪中经常交替使用。轻短截即剪去枝条的 1/5，修剪时一般在调整主枝延长枝或培养结果枝组时使用。修剪反应是，剪口下 1~3 芽枝生长较缓和，枝条下部芽萌发率较高，成枝率较弱。中短截即剪去枝条的 1/2，多在幼树整形期间培养骨干枝时使用。修剪反应是，剪口下 1~3 芽枝生长势力强，枝条整体萌发率高，成枝力强。重短截即剪去枝条的 2/3。剪后枝条生长旺，芽子几乎全部萌发，一般利用中弱枝培养骨干枝时使用。极重短截仅保留基部 1~2 个瘪芽，多在幼树整形期去除竞争枝时使用，剪后萌发 1~2 个中强枝。

二、疏枝

将枝条从基部疏除，称之为疏枝，是冬、夏季修剪中常使用的一种方法。疏除强旺枝有利于削弱枝势，减少养分消耗，调节养分分配，促进花芽形成和改善光照条件等。

三、"放"

枝条缓放不动，称之为"放"。修剪中常对中性偏弱枝使用，枝条缓放修剪后，有利于缓合枝势和促进花芽的形成。

四、"伤"

环剥、环割、刻伤、扭梢等处理方法，称之为"伤"。环剥、环割、扭梢等处理方法，多在乔砧树上使用，有利于阻止光合营养的下运，提高碳氮比例，促进花芽分化。矮砧树由于成花容易，生产上则很少使用。刻伤多在矮砧幼树整形期进行，有利于增加枝量和促进幼树提早成形。

五、"变"

通过拉枝或吊枝的处理方法，改变枝条角度和方位，称之为"变"。将主枝条角度调整至水平状，有利于改善树体通风透光条件，均衡树势和促进花芽的形成。

六、缩剪

在2年生以上的枝条上短截，称之为缩剪（回缩）。在细长纺锤形整形修剪中，常在主枝延长梢"环痕"处剪留，达到抑前促后、控制树冠扩大的目的。此外，结果枝组的更新复壮、背后枝换头等也常使用此方法。

第三节　枝芽的类型

一、发育枝（营养枝）

当年生长的新梢（不含果枝）统称为发育枝或营养枝。在判断树势强弱时，通常将外围新梢年生长量的大小，作为衡量树势强弱的指标。北京地区矮砧苹果盛果期的丰产树，外围新梢年均生长量40~50cm，说明树的生长势均衡，树势既不弱也不旺，高于这个指标生长势强，反之生长势则弱。发育枝比例占全树总枝量30%，结果枝占70%（修剪后调查），说明树的生长结果平衡，有利于苹果的连年稳产和高产。

二、结果枝

着生花芽的枝条，统称为结果枝。结果枝分为长果枝、中果枝、短果枝、极短果枝和腋花芽果枝5种类型。不同类型果枝的划分标准如下。

（1）长果枝15~30cm，多为果台副梢形成。

（2）中果枝5~15cm，多为果台副梢和中性偏弱枝上形成。

（3）短果枝<5cm，多为果台副梢和主枝延长梢2~3年生的枝段上形成。

（4）叶丛状极短果枝<1cm，多为果台副梢和2年生枝段上形成。

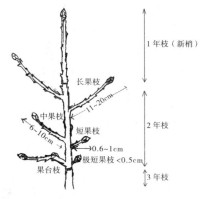

（5）腋花芽枝，当年生长健壮的发育枝，由中上部侧生饱满芽形成，由于形成的花芽为侧生，在枝条的叶腋处，所以称之为"腋花芽"。春天开花后花朵数少，坐果率低，所结果实小。

图3-2　休眠期的果枝和新梢

有腋花芽结果习性的品种，一般结果早，早期产量形成快，耐修剪。休眠期的果枝和新梢见图3-2。

三、花芽与叶芽的区别

花芽的特点是"芽子大、脑袋圆、脖子细、鳞片大、绒毛少"，早春芽鳞片剥开后，里面包裹一绿色小绒球（花原基），即为花芽。叶芽与花芽的区别是芽子小、发尖、鳞片小、绒毛多，剥开后里面包裹为层层小幼叶（叶原基），见不到绿色小绒球，即为叶芽。花芽与叶芽区别见图3-3。

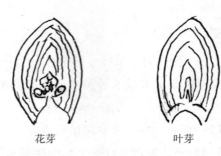

花芽　　　　　　　　　叶芽

图3-3　花芽与叶芽区别

四、盲节

1年生发育枝，春、夏、秋梢生长的交接处，称之为"盲节"。摘心后形成的痕迹，也可称之为"盲节"。修剪时为达到"抑前促后"的目的，对发育枝常采用"抓盲节"的修剪方法。

五、环痕

2年生以上营养枝，年与年之间生长的交接处，称之为"环痕"。主枝修剪时，常在环痕处回缩修剪，可起到明显的控冠作用。

第四节　整形修剪技术

苹果树的修剪本质，是通过修剪调节树体养分的合理分配，使营养生长与生殖生长达到相对平衡稳定的状态。在苹果细长纺锤形整形修剪技术中，控制好中心干和主枝的干枝比例，保持良好的从属关系，调整好主枝的角度，配置好小型结果枝组，疏除过强枝，剪好结果枝。整个修剪始终贯穿"以疏为主，回缩为辅，疏放结合"的原则，在修剪中就容易把握较复杂的修剪技术。

一、幼树期整形修剪（1~3 年生）

（一）1 年生树的冬剪

1. 中心干延长梢修剪

定植当年的幼树，苗干上已发出 8~10 个新梢，剪口下 1~2 芽枝生长达 1m 以上。冬剪时，首先选好中心干延长枝，一般多利用生长势强的一芽枝培养，一芽枝生长弱时，也可回缩换头，利用生长势好的二芽枝培养。

修剪方法如下。

（1）生长势强，长度超过 1.3m 以上的，剪截 10~15cm 晚秋梢部分，剪后主干延长梢长保留 1~1.1m。

（2）生长势中等，长度 1m 左右的，剪截 15~20cm，剪后主干延长梢长保留 70~80cm。

（3）生长势弱，长度 60~70cm，由于延长梢生长势弱，为确保延长梢生长势，修剪时应适当重剪，剪截 20~30cm，剪在饱满芽处，剪后主干延长梢长仅保留 30~40cm。

实践证明，整形期的幼树，主干延长梢轻剪缓放后，有利于提高树高和迅速增加枝量，幼树生长快，生长势缓和，成形早，花芽易形成。通过调查，延长梢轻剪缓放后，当年生长量仍可达 1m 以上，足以保持中心干的生长优势，且主干经刻芽后，还可萌发多个中长枝，有利于幼树前期枝量的迅速增加。延长梢中、重短截后，虽然剪口下 1~2 芽枝生长量增大，但由于新梢短截过重，枝芽量减少，使当年幼树萌发枝量明显不足。此外，树高也受到一定影响，短截过重，剪后树高仅为 1.5m 左右，比轻剪长放树高至少降低 50~70cm，不但造成枝条养分的浪费，且还导致幼树生长旺、结果晚和延长幼树整形期。

2. 主枝修剪

定植当年幼树，夏季新梢经 2~3 次摘心后，枝条充实，芽子饱满。冬剪时对剪口下的 2~3 芽旺长枝（竞争枝）从基部疏除，即使夏季摘心控制过的竞争枝也要疏除，这类枝今后在整形期间，竞争能力强，加粗生长旺，枝干比不易保持。修剪时凡新梢粗度大于主干 1/3 的，都要从基部疏除，特别缺枝的部位，也可极重短截，留1~2 个瘪芽，待萌生新梢后培养主枝。保留下的新梢，生长势较强的，在第 3 次摘心处短截，剪留 60cm，中性的剪留 40cm，弱的剪留 20~25cm，修剪时一律在盲节或瘪芽处短截，芽向选留背下或背斜下。剪留后的新梢，有副梢的疏除，短枝、叶丛枝不动，同时将新梢角度拉平至 90°。修剪后幼树保留 5~6 个分枝。定植当年幼树的冬剪见图 3-4。

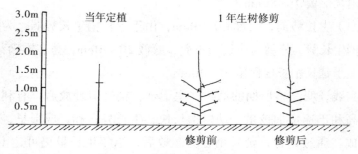

图 3-4　定植当年幼树的冬剪

（二）2 年生树的修剪（夏剪、冬剪）

1. 早春刻芽

幼树第 1 年冬剪后，4 月初进行刻芽，主干延长梢剪口下的 1~5 芽不刻，仅刻中下部 5~7 芽，根据缺枝情况，采取定向定位刻芽。此外，对 2 年生主干缺枝部位，利用短枝或叶丛枝，在枝上也要刻伤，促生新梢，培养主枝。

2.夏季摘心

冬剪后培养的主枝，夏季5月中旬左右，当新梢生长达21cm时，开始摘心控制，摘心后可控制生长10d左右。第二次摘心在6月中下旬左右，当新梢生长达21cm时，继续摘心控制。摘心后的延长梢后部多萌发1~2个旺梢，此时对旺长梢剪留至3~5片叶，控制旺长，辅助延长梢生长。其余生长弱的不动。幼树期新梢生长旺盛，整个生长季，主枝延长梢需连续摘心3次左右。

3.冬季修剪

第二年冬季修剪时，中心干已着生有12~15个分枝，树高近3m。

（1）中心干延长枝继续轻剪缓放，疏除剪口下2~3芽竞争枝或极重短截。

（2）主枝修剪在新梢摘心处或盲节处短截，剪留长度40~60cm，此期剪后主枝总长约为80cm。

（3）疏除主枝剪口下的竞争枝和强旺枝，保留中弱枝，修剪缓放不动。

第二年冬剪后，全树应选留有10个左右的主枝。第二年幼树冬剪见图3-5。

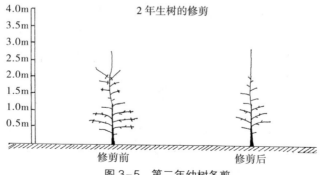

图3-5 第二年幼树冬剪

（三）3年生树的修剪（夏剪、冬剪）

1. 刻芽、摘心

早春刻芽，除主干延长枝中下部芽需少量刻伤外，其他部位不刻芽。此后主要对主枝的新梢进行夏季摘心控制，摘心方法同1~2年生幼树。

2. 冬季修剪

第三年冬剪时，中心干已着生25个以上的分枝，树高3.5m，冠径1.5m左右，树形已初步形成。

（1）中心干延长枝进行缓放修剪或轻剪，剪后树高3~3.2m，疏除剪口下竞争枝或强旺枝。

（2）主枝修剪仍采取抓"盲节"的方法，剪留长度30~40cm，主枝过粗或重叠过密的从基部疏除。此期第一层主枝剪后总长110~120cm，第二层主枝剪后长70~80cm，第三层主枝剪后长50~60cm，第四层主枝30~40cm，主枝总数为35个左右，树体呈"细纺锤"形。选留后的各层主枝与中心主干，枝干比为1：3。

（3）疏除主枝剪口下的竞争枝、背上和背斜上的旺长枝，背下及侧生强枝也要疏除，仅保留两侧中性偏弱枝和果枝一类的枝条。上年修剪保留的中弱枝，已是2年生枝龄，经1年的缓放，后部一般多萌发有中短枝，个别萌生有较强枝。修剪时，采取"疏后放前"的修剪手法，即保留一芽枝，疏除后部的较强枝，保留中弱枝，缓放修剪，单轴生长，有利于花芽的形成。第三年幼树冬剪见图3-6。

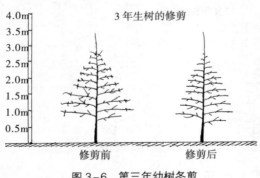

图3-6　第三年幼树冬剪

二、初结果期树的冬剪（4~6年生）

此期树形基本完成，树冠大小范围基本固定，4年生后，主枝延长梢则不用夏剪摘心。

冬剪时主枝已达35个以上。从现在开始，就要注意调整下部主枝过长过大、拥挤重叠的问题，同时注意培养好中上部的主枝。具体修剪方法如下。

（1）树高达到3.5~4.0m，中心延长枝缓放不动，疏除剪口下的竞争枝和强旺枝，其他主枝修剪方法同上年。

（2）从5年生开始，每年去除2个左右的主枝，主枝呈螺旋式排列，方位角互为120°。

（3）下层主枝剪留长度要严格控制在1.2m左右范围，主枝过长回缩至环痕或瘪芽处。

（4）为保证树冠内膛的通风透光条件，冬剪时，要注意疏除背上的直立枝、背下枝和交叉密挤枝，仅保留两侧的中性偏弱枝，果台枝要尽量多保留，因缓放后容易形成短枝花芽，是枝组形成的主要来源。

（5）细长纺锤形树形，进入第四年开始结果。距中心干40cm的范围内，每个主枝留2个果，约有10个主枝共结20个果(图3-7)。第五年1个主枝结4~5个果，20个主枝结100个果。第六年1个主枝结10个果，共结200个果左右，下部结得多，上部结得少。

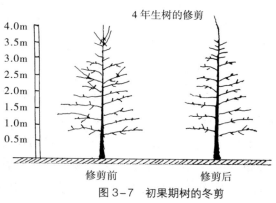

图3-7 初果期树的冬剪

三、盛果期树的冬剪（7 年生后）

7 年生后，开始进入大量结果期，枝量显著增加，树冠变大，交叉密挤重叠枝增多，内膛光照变差。此期冬季修剪的重点是调整好主枝数量和延伸范围，控制枝干比例，并做好结果枝组的培养和修剪工作。成形后的细长纺锤形树体结构见图 3-8。

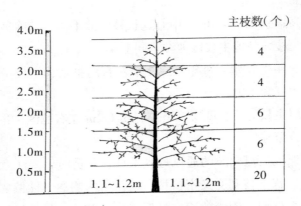

主枝数（个）

高度	主枝数（个）
4.0m～3.5m	4
3.5m～3.0m	4
3.0m～2.5m～2.0m	6
2.0m～1.5m～1.0m	6
0.5m	20

1.1~1.2m   1.1~1.2m

图 3-8　成形后的细长纺锤形树体结构示意

（一）中心干延长枝修剪

进入盛果期后，树高已达 4.0m 左右，冬剪时对生长强的延长枝轻剪缓放，疏除下面 2~3 芽竞争枝；中性偏弱枝短截，使其达到一定高度，维持中心干生长势力。此后反复采用回缩换头的剪法，即"放出去，缩回来"，使树高始终保持在 3.8~4.0m 的高度，主干挺拔有利于牵制下部横向枝生长，达到立体结果和控冠的目的。就好比一个气球，如果在两侧同时挤压，气球就会纵向伸展变长，如果上下挤压，就会横向伸展变扁。同理树体有了一定高度，在顶端优势和生长拉力的作用下，下部枝横向生长就会受到牵制，相反树高过低，下部枝就会横向生长，树冠变大，达不到控冠的目的。

（二）主枝的修剪

1. 主枝数量、长度控制

第一层主枝数量控制在 7~8 个，长度控制在 1.2m 左右（株行距 2.5m × 4m），超长的极重短截或回缩至环痕处，过旺主枝有条件可背后枝换头；第二层主枝数量控制在 6~7 个，长度控制在 0.9m 左右；第三层主枝数量控制在 5~6 个，长度控制在 0.7m 左右；第四层主枝，直接着生结果枝组 8~10 个，长度控制在 0.5m 左右（直接着生结果枝组）。

2. 主枝修剪

以单轴延伸为主，延长梢修剪采用抓盲节、抓环痕的剪法，达到抑前促后的目的。主枝以外其他枝的修剪原则是，以疏枝缓放为主，疏除背上、背下过强枝，两侧过强枝也要疏除，保留的两侧中性偏弱枝缓放不动，中、弱枝缓放后，有利于均衡枝间生长势，增加中短枝比例和花芽的形成。

3. 主枝清理

树形完成后，开始逐年清理过多过密的主枝，每年有计划地疏除 2 个左右，清理时当年最多不超过 3 个主枝，经过 3~5 年的调整，最后仅保留 18~21 个主枝，主枝自下而上呈螺旋式排列。具体清理方法如下。

（1）疏除重叠密挤的主枝。第一层和第二层主枝上下重叠保持在 0.6~0.7m 的距离；第二层和第三层保持在 0.5~0.6m 的距离；第三层和第四层保持在 0.5m 左右的距离。同一层主枝互为 120°。清理时先疏除重叠拥挤过密的主枝，再疏除枝干比不合理过强的主枝。每年疏除 2 个左右，当年不易疏除过多，过多易打破树上树下平衡，造成枝条徒长，影响开花结果。

（2）打开层间距。朝东南方向第一层、第二层主枝，层间距保持1m以上，有利于改善树体的通风透光条件。

4.过大过强主枝的处理方法

多发生在第一层、第二层主枝上。因幼树整形期利用2~3芽竞争枝培养主枝，枝干比不合理，角度小，枝量大造成。这类枝一般着生位置方位好，若去除很容易偏冠，不去除枝势又过于强旺。对这类枝的处理方法如下。

（1）在主枝后部合适的分枝上回缩，更新换头。有合适枝回缩至后部枝上见图3-9。

图3-9　有合适枝回缩至后部枝上

（2）无合适枝回缩至年节（环痕）上，同时多疏除旺枝，减少枝量，控制加粗生长，开张角度，将角度拉平至90°。无合适枝回缩至年结上见图3-10。

图3-10　无合适枝回缩至年结上（环痕）

5.梢角小的主枝处理方法

一般多因主枝延长梢生长势力强，梢角小造成。处理方法：冬剪时对延长梢1芽枝极重短截（有时2芽枝强时也要极重短截），选择角度开张的 3 芽枝作为主枝延长梢。这种处理当年极重短截枝，萌发有 1~2 个中弱枝，营养得到了一定的分散，后部枝生长不易过强。第二年冬剪时再回缩至后部的延长梢上。如果直接回缩至后部枝上，延长梢很容易转旺，达不到开张角度和削弱枝势的目的。梢角小的主枝处理方法见图 3-11。

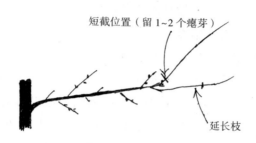

图 3-11　梢角小的主枝处理方法

（三）结果枝组的培养和修剪

结果枝组是树体生产结果的基本单位，在细长纺锤形整形修剪技术中，结果枝组培养和修剪得好坏，直接决定着全树的产量和结果的稳定。在修剪中，应高度重视结果枝组的培养和修剪工作。

1.结果枝组的培养

结果枝组的培养，过去主要采取"先轻后重"和"先重后轻"两种培养方法。实践证明，无论苹果乔砧树，还是矮砧树，都应以先缓放的方式培养结果枝组，形成枝组后视其生长的强弱，再进行合理的回缩修剪。"先重后轻"培养结果枝组，枝组形成周期长，枝组生长旺，成花少，结果晚，在生产中很少采用。

结果枝组的形成，一是利用短果枝和叶丛状极短果枝，当年结果后抽生的果台副梢经缓放后形成；二是利用中、长果枝结果后，下部缓放出果枝后形成；三是利用中性偏弱的发育枝，经连续缓放

71

结果后形成。健壮短果枝当年结果后，一般发出 1~2 个较强的果台枝，生长势强，连续结果能力差，利用培养时应疏去强的果台枝，选择弱的果台枝培养。中长果台枝，发育成熟，连续结果能力强，缓放后易形成多个花芽，是结果枝组培养的主要来源，这类枝应多利用培养。发育枝当年缓放后不易形成花芽，需经连续缓放 2 年以上后才能形成。有时在缺枝的部位也可选择利用，但要选择角度大、生长势偏弱的发育枝培养。

2. 结果枝组着生的位置及数量

结果枝组主要着生在主枝的两侧和背斜侧。培养时主枝的背上、背下不留枝组，因枝组易转强，且影响相邻枝组的生长。结果枝组培养的数量，第一层有 7~8 个主枝，每个主枝培养 6~8 个枝组，共培养 50~60 个结果枝组；第二层有 6~7 个主枝，每个主枝培养 4~5 个枝组，共培养 30~40 个枝组；第三层有 5~6 个主枝，每个主枝培养 4 个左右的枝组，共培养 20~25 个枝组；第四层以上中心干直接着生 10 个左右的枝组。全树共培养 110~135 个结果枝组。

3. 结果枝组的排列和形态

枝组在主枝上的排列呈"叶脉状"，与主枝形成的夹角为 80°左右。角度方位不够时可用芽向或用"E"形别枝器进行调整。枝组与主枝夹角大的好处是，枝组伸展空间大，枝组间生长不易拥挤，采光好，利于果实的着色。枝组的排列为两头短、中间长，有利于树体的通风透光。单一枝组的形态为"柳叶"状。细长形的枝组构造生长缓和，从属分

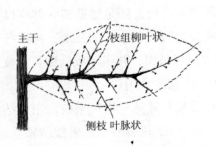

图 3-12 结果枝组的排列和形态

明，生长自然，结果稳定。结果枝组的排列和形态见图 3–12。

4.结果枝组的结构及布局

苹果细长纺锤形树形，以小型结果枝组为主，每枝组由 3~8 个长中短果枝（群）组成，短果枝占 60%~70%，其他各类枝占 30%左右。枝组的延伸距离长约 40cm，宽约 20cm，长宽比为 2∶1。枝组的间距，后部枝组距中心干为 20~30cm，同一侧枝组间距为 30~40cm。下层主枝培养 6~8 个枝组，中上部主枝培养 4~5 个枝组。

5.结果枝组的修剪

结果枝组的修剪首先要选留好带头枝，主要利用中长果枝培养。没有中长果枝的也可利用中性偏弱的发育枝培养。总之，选择的带头枝不易过弱或过强，生长势过弱，枝组易转主换头，紊乱生长；生长势过强，枝组容易变大，前强后弱，枝势两级分化明显，花芽少，修剪不易控制。带头枝的主要作用，一是有利于调整枝组的方位和角度，使其渐进延伸发展；二是有利于保持枝组的从属关系，使枝组顺畅自然生长；三是有利于维持枝组的生长势，延长结果年限。

结果枝组修剪的原则是"以疏为主，疏后放前，放缩结合"，并采取"去强留弱、去直留斜、去大留小、去老留幼、去背上背下留两侧"的"五去五留"的修剪手法，达到生长与结果的平衡。修剪中枝组内不留过强枝，包括较强的果台枝也要疏除，仅保留偏弱的发育枝和各类果枝结果。

枝组的更新。冗长衰弱的枝组要及时更新复壮，回缩至后部生长势好的果枝上或弱的发育枝上，重新培养带头枝。枝组修剪切忌采取"有花短、无花缓，短在有花处"的剪法，剪后新梢易变强，生长旺，不利于花芽的形成，且还容易造成"大小年"结果现象的发生。正确的修剪方法，回缩后采取疏枝加缓放的修剪方法，有利于枝势生长的缓和，促进花芽的形成。此外，结果枝组培养不宜过多，过多枝组间易交叉拥挤，光照不良，影响花芽的形成和果实的着色。

（1）正常枝组的修剪。正常枝组有良好的带头枝（中、长果枝），后部着生 6~7 个中短果枝和 1~2 个发育枝，修剪时留好带头枝，并缓放延伸生长，同时疏除后部过强的发育枝或生长旺的果台枝，其他中短枝或偏弱枝不动。正常枝组修剪方法见图 3-13。

（2）过强枝组的修剪。过强的枝组多因枝组内发育枝多、结果枝少造成。修剪时采取"疏后放前"的剪法，即带头枝轻剪缓放，疏除后部的过强枝，即使生长势强的果台枝也要疏除，只保留中性偏弱的果枝和营养枝。枝组经缓放出中短枝形成花芽转弱后，再进行适当的回缩，回缩过急会使枝组变得更强。过强枝组修剪方法见图 3-14。

（3）衰弱枝组的修剪。衰弱枝组主要因连年结果过多造成。苹果细长纺锤形的结果枝组，在合理负载的条

图 3-13　正常枝组修剪方法

图 3-14　过强枝组修剪方法

件下，每枝组应留 2~3 个果，全树 110~135 个枝组，结果 300 个左右。在疏花定果时应严格把握每一枝组的留果量，才能从根本上解决枝组的衰弱问题。衰弱枝组一般着生多个质量差的短果枝或叶丛状枝，很少有好的发育枝或中长果枝，枝组冗长衰弱。修剪时要回缩至后部

较好的果台枝或好的叶芽枝上，重新
选择带头枝，使枝组更新复壮。衰弱
枝组修剪方法见图3-15。

（4）双头或多头枝组的修剪。首
先选留好带头枝，原有带头枝生长势
好的继续保留，单轴延伸发展，并将
后部多余的分枝疏除，对已衰弱的带
头枝，及时回缩至后部生长势好的带
头枝上，更新复壮，重新培养。双头
或多头枝组修剪方法见图3-16。

图3-15　衰弱枝组修剪方法

多头枝组疏枝后单轴延伸　　　　多头枝组衰弱后回缩，单轴延伸

图3-16　双头或多头枝组修剪方法

（5）强旺枝组的修剪。在修剪中经常遇到强旺的枝组，其主要
形成原因，由于利用两侧较强发育枝，经连续缓放后，枝条前端形
成多个短枝花芽，由于花芽质量好，冬剪时舍不得疏除造成。这类
枝组的表现是枝组的枝轴过粗，枝粗比不合理，枝组分布范围大，

不仅影响相邻枝组的生长，还容易与主枝生长形成竞争。对这类枝组的修剪方法如下。

① 尽量少用较强发育枝培养结果枝组，因为这类枝往往生长势过强，利用后难以控制。

② 遇到这类枝组时，后部有弱的分枝时，回缩至后部弱的分枝上，控制其延伸范围，以保证相邻枝组的正常生长。

③ 没有回缩条件的，即使花芽再多，疏后空隙再大，也要将整个枝组全部疏除，疏除后有利于改善树冠内的光照条件和相邻枝组的均衡生长。

（6）果台枝的修剪。苹果花芽膨大、花序伸出、开花、坐果的同时，花序轴伸长膨大后形成果台，在果台上发出的新梢，称之为"果台副梢"或"果台枝"。据观察，北京地区富士矮砧树，一般中长果枝当年结果后，果台上发出 1~2 个中长果台副梢，并可形成花芽，连续结果能力强，且上一年果台枝后部还可形成数个短枝花芽。

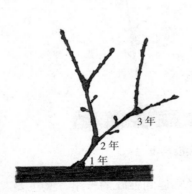

图 3-17　果台枝群形成

因此，中长果台枝是培养结果枝组的理想枝条。健壮短果枝，结果后也可发出 1~2 个果台副梢，但大多形成旺长梢，不利于结果枝组的培养。中弱短果枝结果后，当年仍形成弱的果台副梢，缓放修剪后，利于结果枝组的培养。修剪时，要多利用中长果台副梢和中弱果台副梢培养结果枝组，对果台上发出 2 个副梢的，疏除较强枝，保留一个中性枝。发出的短枝或极短枝，要全部保留。果台枝群形成见图 3-17。

（四）修剪量的判断

矮砧富士进入盛果期结果后，修剪量的大小是判断树势强弱、结果数量的一个重要指标。修剪量小，说明树体生长与结果均衡，养分分配合理；修剪量过大，说明生长势不均衡，生长旺，结果少，无效养分消耗多。通过对 8 年生富士冬剪前后的枝量调查发现，修剪前单株枝量为 404 条，修剪后为 356 条，共疏除各类枝 48 条，疏枝量占比为 11.9%。其中，疏除长枝 35 条，占比为 35%；中枝 13 条，占比为 18.6%；短枝 0 条，占比为 0%。全树疏除长枝（发育枝）比例大，中枝次之，短枝和叶丛枝则全部保留。每年全树修剪量控制在 10% 左右，有利于树势平衡和结果的稳定。8 年生矮砧富士细长纺锤形单株修剪量调查见表 3-2。

表 3-2　8 年生矮砧富士细长纺锤形单株修剪量调查

修剪	长枝（条）	中枝（条）	短枝、叶丛枝（条）	合计
剪前	100	70	234	404
剪后	65	57	234	356
剪除枝数	35	13	0	48

（五）矮砧富士盛果期细长纺锤形树体主要生长指标

（1）外围新梢年生长量保持在 40~50cm。

（2）剪后单株长、中、短枝量 450~500 条；亩枝量 3 万 ~3.35 万条。

（3）单株花芽量 400~450 个；每亩花芽量 2.68 万 ~3 万个。

（4）单株结果 250~300 个；每亩结果 1.34 万 ~1.67 万个。

（5）单株产量 60~75kg；每亩产量 4 000~5 000kg。富士盛果期细长纺锤形树体生长指标见表 3-3。

表 3-3　富士盛果期细长纺锤形树体生长指标

外围发育枝生长量（cm）	枝量（条/株）	枝量（万条/亩）	花芽（个/株）	花芽（万个/亩）	结果（个/株）	产量（kg/亩）
40左右	450~500	3~3.5	400~450	2.68~3	250~300	4 000~5 000

注：栽植株行距为 2.5m×4m

第五节　主要品种的修剪特点

一、津轻

喜肥水，树冠开张，成花容易，萌芽成枝率高，枝条柔软结果后容易下垂，修剪时要注意抬高枝条角度，保持生长势。枝组结果后易衰弱，修剪时要注意更新复壮。果实成熟前采前落果重，采收前40d，喷布 2~3 遍 20% 国光萘乙酸 8 000~10 000 倍液，防止落果。

二、桑沙

树冠半开张，幼树期注意拉枝开张角度，该品种喜肥水，以中短果枝结果为主，花芽小而尖，但花朵大，花粉量多，是鲜食和授粉兼优的早熟品种。修剪以疏为主，短截为辅，利于花芽形成。

三、信浓金

信浓金是近年引进的优良品种。树冠半开张，萌芽率高，成枝率中等，枝条节间短，属长枝和短枝的中间类型，枝条硬，成花容易，结果早，中、长、短果枝均可结果，耐修剪。修剪时注意开张角度，以疏枝为主，缩放结合，多保留中、长果枝结果。

四、信浓甜

信浓甜是近年新引进的优良中晚熟品种。以中长果枝结果为主，树势中等，萌芽、成枝率高。轻中短截剪口下萌发 3~5 个长枝，其余萌发多个中短枝，并可形成花芽，有腋花芽结果的习性，修剪以疏枝缓放为主，夏季注意疏除旺长枝，改善通风透光条件。

五、王林

王林是主栽和授粉兼优的晚熟优良品种。树姿直立，枝条基角小、硬而脆，大树拉枝易劈折。应在幼树整形期做好拉枝开角工作。修剪后反应萌芽率强，成枝力弱，新梢短截后发出 1~2 个强旺枝，下部多为短枝或叶丛枝，成花容易、结果早，以短果枝结果为主。修剪时对中性发育枝多短截少缓放，短截后易形成花芽。衰弱枝或衰弱枝组，结果个小，应及时回缩更新。有采前落果现象，采前 40d 应喷布 2~3 遍 20％ 国光萘乙酸 8 000~10 000 倍液，防止落果。

六、富士

新梢剪口下容易发生 2~3 个发育枝，萌芽、成枝力中等，1 年生枝缓放易成花。北京地区以短果枝结果为主，枝条韧性强，拉枝不易劈折。果台枝连续结果能力较强。修剪不当或结果过多有隔年结果现象。衰弱枝组应及时更新复壮。

第六节　夏季修剪

一、夏季修剪的依据和作用

夏季修剪包括早春刻芽、拉枝、除萌蘖、夏季摘心、环剥、环割、短截、疏枝、秋剪等。总之，除疏花定果外，凡在生长季的修剪管理，都应统称为夏季修剪。夏季修剪重点是疏除徒长枝一类的竞争枝条，减少养分消耗，调节养分分配，改善光照条件。通过观察，夏季树冠内膛萌发的旺长枝，大多是由短枝叶芽枝形成。苹果的夏季修剪工作，是在冬季修剪的基础上完成的，是冬季修剪的完善和补充。

此外,做好夏季修剪工作,还应了解和掌握新梢1年中的生长节奏变化,依据生长规律,科学有效地做好夏季修剪工作(图3-18)。

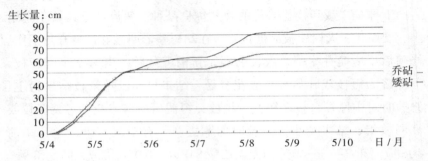

图3-18　富士苹果SH_6矮砧与乔砧新梢生长动态(北京2017)

二、夏季修剪时期

通过调查,北京地区SH_6矮砧富士盛果期树,外围新梢1年有两次生长,第一次为4月初至5月30日。因此,第一次夏剪时期应在5月中旬进行。过晚夏剪,新梢已停长,不利于养分的积累。第二次生长7月上旬至8月底,此后停长至休眠期。因此,第二次夏剪时期应在7月中旬进行为宜。

三、夏季修剪方法

矮砧幼树的夏季修剪方法前面已有论述,在此省略。以下阐述矮砧初、盛果期树的夏季修剪。

(一)第一次夏剪(5月中旬)

4月下旬至5月中旬新梢正处于旺盛生长期,每天新梢平均生长1cm左右,到5月中旬背上旺梢已达40~50cm,最长达70cm以上。此次夏剪重点是控制背上的旺长梢,具体处理方法:背上或背斜上旺长梢30cm以上的全部疏除;20~30cm的、封顶的不动,未封顶的轻摘心；20cm以下的缓放不动；果台副梢25cm以上的轻摘心。此外，树体发生的萌蘖枝要及时疏除。第一次夏剪新梢不易疏除过多，过多会打破树体的平衡，易刺激短枝和叶丛枝的萌发，造成枝条的二次生长（此期短枝已封顶）。修剪后看不到树上旺长梢即达到修剪的目的。

（二）第二次夏剪（7月中旬）

7月中旬，新梢处于第二次旺盛生长期，树体枝叶量大，通风透光不良。此次夏剪以疏枝为主，即疏除背上徒长枝或背上旺长枝，进一步改善树体的通风透光条件。

（三）第三次夏剪（秋剪，9月中旬）

9月中旬，新梢处于缓慢生长阶段。此次夏剪主要解决果实成熟前的着色问题，特别是树冠内膛和第一层、第二层主枝下部的果实，因周边枝叶量大，挡风遮光，果实着色差。处理方法如下。

（1）疏除背上直立旺长枝。

（2）疏除树冠内膛密挤过旺的新梢。

（3）疏除主枝两侧横生、密挤、交叉、过旺的新梢。

（4）主枝延长梢，生长过旺的适当短截，减少株间交叉郁闭。

（5）对旺长的果台副梢重短截，剪留15~20cm。此期由于新梢处于缓慢生长或停长阶段，因而剪后新梢不易萌发。第三次夏剪（秋剪）后，可节省摘叶用工30%，对缓解果实成熟前摘叶周期短、工作效率低、全红果比率低等起到重要作用。

第七节　高接换优、改良品种

目前，我国苹果种植主要以富士品种为主，品种单一，结构不合理，是目前果园销售不畅、出现卖果难的主要原因。为了解决这一问题，我们结合苹果细长纺锤形的树形，选择早、中熟优良品种，对原有富士品种进行了高接换优，解决了高接换优后树形易紊乱、结果周期长的难题。取得了当年嫁接，当年成形，第二年恢复原树形，第三年结果，第四至第五年进入大量结果期的明显效果。本章节重点介绍品种改良高接换优的方法。

一、品种的选择

（1）早熟品种：津轻（优系）、桑沙、优系嘎啦等。

（2）中熟品种：信浓金（SH$_6$矮砧组合）、信浓甜、早生富士等。

二、高接换优时期和方法

（一）高接换优时期

北京地区高接换优时期于3月下旬至4月初，树液开始流动时进行，至4月中旬结束。

（二）高接换优方法

1. 种穗的采集和处理

选择的种穗，提前对母本株做好标记，冬季修剪时，采集芽饱满、枝条充实的1年生不同粗度的发育枝，枝粗（直径）0.5~1.2cm，并标明品种的名称。避免嫁接时的品种混杂。种穗采集后及时放入低温库中用湿沙埋藏。早春嫁接前将种条取出，剪留10~15cm一段，并及时进行蜡封处理。具体蘸蜡方法：将蜡放入容器加温溶解后，用温控器调节蜡的恒温为103°，然后将截好的枝段迅速置入容器1~2s后捞出，并打好捆存放入低温库中贮藏。此方法蜡蘸得薄、均匀，蜡层不易脱落和避免蘸蜡时种条的灼伤，保存期长。

2. 高接前的树体处理

根据整形要求进行品种改良。如初盛果期的细长纺锤形或自然纺锤形树形。嫁接前结合整形，对着生在主干上的主枝，依枝的分布状态，由下至上，第1层主枝回缩剪留至30~35cm，第2层主枝剪留至 25~30cm，第 3~4 层主枝剪留至 10~15cm，中心干延长枝在距地面高 3~3.5m 处回缩剪留。

3. 高接换优方法

剪后处理株采用插皮接和舌接两种嫁接方法。下层主枝粗（直径）大于 2.5cm 以上的，采用插皮接法，小于 2.4cm 的采用双舌接法。嫁接部位选择在枝头侧面，成活后新梢不易劈折。主枝粗大于 2.5cm 以上的，枝头两侧各接 1 个，采用双枝插皮接法有利于粗枝的伤口愈合。枝粗 2.4cm 以下的，在枝的侧面采用单枝舌接法。中下部主枝和中心主干要选择较粗的种穗嫁接，上部主枝要选择较细的种穗嫁接，嫁接成活后有利于树势的平衡和树形的形成。嫁接时要用塑料薄膜将嫁接口绑严。

三、高接后的夏季管理

（一）疏除萌蘖枝

高接后由于树上树下的生长平衡被打破，在根冠比失衡和根压的作用下，基部的萌蘖枝迅速大量萌生，夏季应及时做好疏除萌蘖枝的工作，有利于提高嫁接成活率和促进新梢的生长，全年需疏除萌蘖枝 3~4 次。

（二）夏季修剪

嫁接成活后，6 月初新梢生长已达 40~50cm，强旺梢下部并萌生有 2~3 个副梢，夏剪时对嫁接两个枝头的，选择一生长势及方位好的新梢进行培养，另一枝回缩至最下面副梢处，抑制生长，利于接口愈合。保留的新梢第一次摘心长度为 40cm，其下萌生的副梢，生长 21cm 时进行摘心控制。主梢第二次摘心长度为 20cm，全年主梢摘心 3 次左右，副梢摘心 2 次左右，有利于主副梢枝条充实，芽子饱满，副梢缓放后有利于花芽的形成。

（三）解除绑缚物

成活后绑缚物不宜过早解除，过早嫁接口组织尚未完全愈合，易造成新梢的死亡。过晚解除，愈合口易发生绞缢现象，造成新梢的劈折。嫁接成活后 90~100d 解除为宜。

（四）新梢固定和绑缚

6 月中下旬对主干中下部的侧生新梢，用竹竿呈 85° 将其绑缚固定，避免被大风刮折。

四、高接换优后的冬季修剪

当年冬剪时，高接后的树体已有 20 个左右的新梢、30 个左右的副梢分枝，树体基本成形。冬剪时对中心主干新梢轻短截，疏除枝干比不合理的副梢。对下部的主枝新梢短截至 60cm 左右，中部新梢短截至 40cm 左右，上部新梢 30cm 左右。背上副梢、过粗的副梢从基部疏除，两侧中庸的副梢保留培养结果枝组。夏季控制过的双头新梢，保留弱副梢，促剪锯口的完全愈合。嫁接后第二年的冬夏剪技术，参照第三章的幼树修剪部分。

总之，结合整形高接换优的方法，改接得彻底，成活率高，成形快，结果早，4~5 年后恢复树体原产量。

第四章

花 果 管 理

第一节 授 粉

苹果是自花不结实的果树树种，为确保产量的稳定，配置适宜的授粉树、花期放蜂、人工授粉是行之有效的技术措施。

一、品种间花粉亲和性

苹果由于受遗传基因的影响，多数品种表现为自花不结实。因此，配置授粉树时应选择花粉亲和力强的品种，花粉的采集要考虑花粉量的大小以及三倍体品种不适合作授粉用。

（1）与富士花粉不亲和的品种有早生富士、富士、北斗、红将军等。

（2）与王林花粉不亲和的品种有王林、彩香等。

（3）与津轻花粉不亲和的品种有津轻、末希等。

（4）不适作授粉树的品种（花粉稔性低，花粉量少等）有陆奥、北斗、彩香等。不同品种间花粉亲和性见表4-1。

表4-1　不同品种间花粉亲和性

花粉雌蕊	世界一	乔纳金	金星	涛凯	津轻	千秋	信浓甜	北斗	红玉	桑沙	王林	红星系	陆奥	信浓金	富士
世界一	×	×	×	○	○	○	○	×	○	○	○	○	×	○	○
乔纳金	×	×	×	×	○	○	○	×	○	○	○	○	○	×	○
金星	○	×	×	○	○	○	○	○	○	○	○	○	○	○	○
涛凯	○	×	×	×	○	○	○	○	○	○	○	○	○	○	○
津轻	○	×	○	○	○	○	○	○	○	○	○	○	○	○	○
千秋	○	×	○	○	○	×	○	○	○	○	○	○	○	○	○
信浓甜	○	×	○	○	○	○	×	○	○	○	○	○	○	○	○
北斗	○	×	○	○	○	○	○	○	○	○	○	○	○	○	×
红玉	○	×	○	○	○	○	○	○	○	○	○	○	○	○	○
桑沙	○	×	○	○	○	○	○	○	○	○	○	○	○	○	○
王林	○	×	○	○	○	○	○	○	○	○	○	○	○	○	○
红星系	○	×	○	○	○	○	○	○	○	○	○	○	○	○	○
陆奥	○	×	○	○	○	○	○	○	○	○	○	○	○	○	○
信浓金	○	×	○	○	○	○	○	○	○	○	○	○	○	×	○
富士	○	×	○	○	○	○	○	○	○	○	○	○	○	○	×

注：亲和性好用○表示；无亲和性和三倍体品种、花粉稔性差用×表示

二、蜜蜂授粉

花期果园放蜂，蜜蜂采集蜜源树反复飞翔接触柱头、花药，使花朵间自然实现授粉受精。北京地区果园放蜂每年在初花期的4月上中旬。由于蜜蜂飞翔采集花粉的范围有限，一般每10亩果园需放置10箱蜂，并分散摆放，使花序充分授粉。蜜蜂最不抗药，放蜂期间禁止喷洒农药。

三、人工授粉

苹果花期人工授粉是提高苹果质量的重要技术措施。授粉受精完全的果实种子数量多，果实发育好，偏果率低，果个大，着色好，丰产。

（一）适宜授粉品种组合的选择

选择亲和力高的品种作为授粉树，是确保人工授粉的首要环节。

（二）采花和取粉

从适宜的授粉品种上采集含苞待放的铃铛花。采花的数量，可根据授粉的面积、授粉树的花量，以及授粉树的花粉量、稔性花粉率确定。一般 5kg 鲜花朵能出 0.5kg 鲜花药，2.5kg 鲜花药阴干后能出 0.5kg 干花药，可满足 20~30 亩盛果期苹果树授粉之用。不同品种的苹果树，平均每花药中的花粉量和稔性花粉率差异性明显，红星系、桑沙、津轻、金冠花粉量最高，王林花粉量最低。因此，采花时，对花粉量和稔性花粉率较低的品种，要增加采花数量，以确保授粉效果。苹果主要品种花粉采集量见表 4-2。

表 4-2　苹果主要品种花粉采集量

类　别		富士	红星	津轻	王林
1kg 花朵	花朵数（朵）	4 760	3 480	4 770	3 780
	鲜花药（g）	133	134	99	115
	鲜花药容重 (mL)	301	330	243	281
	干花药重量 (g)	31	38	20	23
	干花药容重 (mL)	70	97	53	65

（三）花粉制备

1. 脱取花药

利用花粉脱药机脱取花药，然后用网眼 3mm 的金属网，筛除花梗、花丝等杂物。没有脱药机可利用网眼 5mm 的金属网，用手将花朵在网上揉搓取下花药，再用 3mm 金属网清除杂物。小型机械脱取花药见图 4-1。

图 4-1 小型机械脱取花药

2. 开药

利用开药器湿度保持 80%，温度 20~25℃，1~2d 花药开裂花粉粒散出。也可在自然条件下，利用光照好的房间将花药薄薄一层摊在纸上翻晾，温度保持 30℃，湿度 80%，2~3d 自然开裂。使用温控箱开药见图 4-2。

图 4-2 使用温控箱开药

3. 花粉发芽率的检测

制作琼脂培养基（琼脂 1g、蔗糖 10g，加入 100mL 水，溶解后搅拌均匀），然后滴定在载玻片上，琼脂培养基冷却固定后，用棉球将花粉均匀地分散在上面，向培养皿中加入少量水（不漫过载玻片），放入培养基内盖上盖，然后放在 25℃恒温箱 3~4h，取出搁置显微镜下检测发芽率（观察花粉管伸长比率）。

4. 花粉的稀释

将晾晒好的花药取出，用 80 目的网眼将花粉粒筛下，去除花粉囊，与石松子按一定倍数混合稀释备用。花粉稀释倍数见表 4-3。

表 4-3　花粉稀释倍数

花粉发芽率（%）	花粉	石松子
81 以上	1	4
80~61	1	3
60~41	1	2
40~31	1	2
30~21	1	0
20 以下	1	0

注：20% 以下花粉发芽率低，最好不要使用

（四）授粉时间和方法

苹果的人工授粉适宜在盛花初期进行，北京地区在 4 月中旬左右。1 个苹果花序内的花朵自开放至谢花历时约 6d，单花的开放时间 4~5d，雌蕊仍有授粉能力。实践证明，树体营养积累充足，花芽质量好，开花早，花期整齐，坐果率高，果个大。相反花芽质量差的果园，开花晚，花期不整齐且持续时间长，坐果率低，果个小。

1. 棉棒类工具授粉

授粉顺序早开放的花先授，以中心花为主，蘸一回花粉可授20~30 朵花，第一遍授完后，再授晚开的花，共授两次。

2. 小型授粉器授粉

将花粉放入授粉机的容器内，放入 1/3~1/2 的花粉混合物（稀释后花粉），授粉机以干电池为动力，配置有手持喷粉管，喷粉管前端装有转动的鸡毛掸子，花粉顺着喷粉管运抵鸡毛掸子，完成授粉过程。一般有 50% 的中心花开放时授第一次粉，盛花期授第二次粉，中心花坐果率可达 90% 以上。工作效率高，是普通授粉工具的 10 倍以上，100 亩果园 4~5d 即可完成花期授粉。应用小型授粉机授粉见图 4-3。

图 4-3　应用小型授粉机授粉

（五）花粉长期贮藏

花粉生命力受环境影响很大，自然贮藏，花粉在高温、高湿的条件下贮藏仅 1 周左右，低湿条件下 4 周丧失生命力。贮藏时应用通气性好的纸袋包装，每包不超过 200g，最好放入茶叶罐内，置于家用冰箱冷藏室内贮藏。

第二节　果实发育

在整个生长过程中，苹果果实分为前期的细胞分裂（细胞的数目增加）和中后期的细胞膨大（细胞容积的增加）两个阶段。中晚熟品种表现为一种"S"形的生长曲线。苹果果实的细胞分裂，从开花前已经开始，至开花期暂时中止，授粉受精后继续进行，可一直延续至开花后 3~4 周。此后，即开始细胞容积和细胞间隙的增大。细胞容积的增加，主要是液泡体积的增大。

苹果分生组织中没有形成层，因此在生长前期的细胞分裂阶段，表现为纵径的伸长，果实呈长圆形。生长后期，随着细胞容积的增大，表现为横径的迅速增长。整个果形由长圆形至近圆形。观察结果表明，纵径生长快是形成大果的标志，是提高果形指数的基础。

北京地区 SH_6 矮砧富士苹果生长发育，1 年中有 3 次生长，第一次为 4 月下旬（谢花后）至 5 月 25 日，为幼果快速生长期阶段，30d 内幼果纵、横径分别达到 3.76cm 和 3.41cm，平均每天净增长分别为 0.125cm 和 0.113cm，是幼果生长速度最快的时期。此期抓紧做好疏定果工作，有利于减少养分消耗和促进幼果的膨大。第二次为 5 月 25 日至 7 月 25 日，为正常生长期阶段，到 7 月 25 日，幼果生长纵径、横径分别达到 6.55cm 和 7.35cm，果实已有核桃大小。60d 内纵径、横径净增长分别为 3.14cm 和 3.59cm，平均每天净增长分别为 0.05cm 和 0.06cm，此期幼果的生长速度比第一次明显减弱。这一时期如果园干旱，应及时灌水，有利于促进幼果的生长。第三次为 7 月 25 日至 10 月 18 日，为缓慢生长期阶段，90d 内幼果纵径、横径净增长分别为 2.42cm 和 2.31cm，平均每月纵径、横径增长不足 0.10cm，生长十分缓慢，到 10 月 18 日纵径、横径完全停止生长，此后进入果实的成熟期阶段。综上所述，SH_6 矮砧富士果实，年生长周期为 176d，果实前期生长快，中期生长慢，后期生长更为缓慢，但从谢花至成熟前的 176d 内，果实始终都在生长。因此，果园地下常年保持较好的墒情，有利于提高苹果的整体质量水平。此外，SH_6 矮砧富士果实的停止生长期，是以纵径停长为标志，纵径停长晚，横径停长早，纵径为 10 月 18 日停长，横径为 10 月 13 日停长，纵径比横径晚停长 5d 左右。因此，果实成熟前的 30d 灌水，有利于提高果形指数和增加单果重。SH_6 矮砧富士果实纵径、横径生长变化见图 4-4。

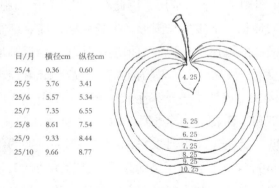

日/月	横径cm	纵径cm
25/4	0.36	0.60
25/5	3.76	3.41
25/6	5.57	5.34
25/7	7.35	6.55
25/8	8.61	7.54
25/9	9.33	8.44
25/10	9.66	8.77

图 4-4　SH_6 矮砧富士果实生长纵、横径生长变化

为了解 SH_6 矮砧富士与乔砧富士果实成熟期是否存在差异，2017年在同一园片，对 SH_6 矮砧和乔砧果实年生长发育变化做了调查，结

果矮砧与乔砧果实停长期均在 10 月 18 日，两者的成熟期没有明显差别。SH_6 矮砧与乔砧富士果实纵径、横径比较见图 4-5。

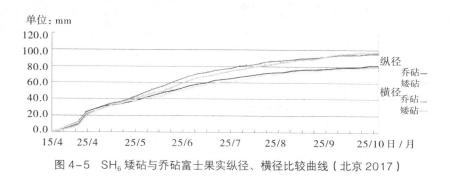

图 4-5　SH_6 矮砧与乔砧富士果实纵径、横径比较曲线（北京 2017）

第三节　疏花疏果

疏花、疏果工作是栽培技术管理中的重要环节，对提高果实质量、减少养分消耗、克服大小年结果，以及稳产高产都起到关键性作用。实践证明，饱满的花芽和充裕的花量是提高苹果质量的基础。富士苹果留果比例中，需每 2~2.5 个顶花芽留 1 个中心果，才能有效地提高优质果的比率。不同品种顶花芽数与留果量标准见表 4-4。不同品种和果实分布状态见图 4-6。

表 4-4　不同品种顶花芽数与留果量标准

品种	选留果 / 顶花芽数
富士、王林、早生富士	1/（2~2.5）
信浓金、津轻、乔纳金	1/（2.5~3）
北斗	1/3.5
陆奥、世界一	1/（3~4）

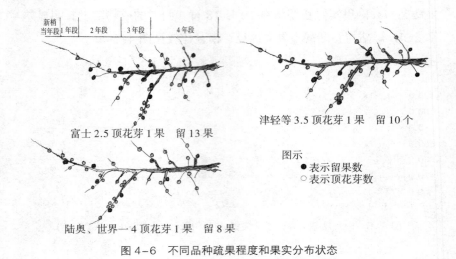

图4-6　不同品种疏果程度和果实分布状态

一、疏花

疏花时期一般在苹果初盛花期开始，主要留中心花、疏去边花、花序少的花（少于4朵花）和腋花芽花。花后2周调查，同一株树疏花比不疏花的果实纵横径明显增加，分别达到17.8mm和12.8mm，对照分别为15.6mm和10.9mm，两者果实纵横径分别相差5mm和4.7mm，疏花株坐果率几乎100%，坐果率高，果实大。因此，有条件的果园，花期应开展疏花工作，但应注意花期的天气情况，低洼地易发生霜冻，应谨慎疏花。苹果物候期（花期）观察见表4-5。

表4-5　苹果物候期（花期）观察（2018年3—4月）

品种	顶花芽		花序			开花		
	膨大	开绽	露出	伸长	分离	初花	盛花	落花
富士/SH$_6$	3.20	3.27	3.28	3.31	4.07	4.15	4.18	4.22

（续表）

品种	顶花芽		花序			开花		
	膨大	开绽	露出	伸长	分离	初花	盛花	落花
富士 / 乔砧	3.20	3.26	3.27	3.30	4.03	4.12	4.16	4.21
王林 /SH$_6$	3.20	3.26	3.27	3.30	4.03	4.11	4.15	4.20
信浓金 /SH$_6$	3.20	3.26	3.27	3.31	4.05	4.16	4.18	4.23
弘前富士 /SH$_6$	3.20	3.26	3.27	3.30	4.06	4.14	4.17	4.22

注：观察地点为北京市昌平区崔村镇锦绣丹青苹果种植中心

二、疏果

（一）第一次疏果

谢花后 4 月下旬开始至 5 月下旬完成。4 月下旬富士幼果纵径已生长至 1cm 左右，大小果明显。疏果时仅保留中心果，其他疏去边果、小果、畸形果、腋花芽果和梢头果（成熟时果柄短、果个小、着色差），果柄剪留 1cm 左右，越短越好。

（二）第二次疏果（定果）

第二次疏果在 5 月下旬至 6 月中旬进行。5 月下旬幼果的纵横径已达 4cm 左右。此次疏果后树体的留果量已基本确定，依据土壤肥力、树龄、树势以及上年产量等因素，最后确定留果的数量（留果标准见表 4-4）。第二次疏果时，大小果明显，先疏小果、畸形果、密挤果，再疏莲座叶片少的果和过密果。疏果原则是一个主枝，2~4 年生枝段的花芽质量好，结果能力强，尽量多留。结果枝组生长势强的，每枝组留 2~3 个果，中性的留 2 个果，弱的留 1 个果。背斜上枝适当多留果，弱枝组少留果，叶片多的、果梗粗的、果实发育好要多留。疏定果时，按标准保留枝组前端 1~2 个果，排开间距，10~15cm 保留 1 个果，其余中后部果疏除，有利于当年中短枝花芽的形成。

　　疏果后按留果标准，统计全树留果量，并留出5%的富裕，弥补鸟害、机械伤等的损失。疏果后全树叶果比应为（40~50）：1，有利于克服大小年结果。富士细长纺锤形不同树龄留果标准见表4-6。盛果期富士细长纺锤形树体结果分布见表4-7。

表4-6　富士苹果细长纺锤形不同树龄留果标准

树龄	花芽数（个/株）	留果数（个/株）	株产（kg）	亩产（kg）
4年生	25	10	2.5	150
5年生	240	100	25	1 500
6年生	300	120	30	2 000
7年生	450	180	45	3 000
8年生	500	200	50	3 300
9年生	600	250	60	4 000
10年生	750	300	75	5 000

注：株行距2.5m×4.0m，亩栽植67株；每2.5个顶花芽留1个果

表4-7　盛果期富士细长纺锤形树体结果空间分布

各层主枝留果数（个）	顶花芽数（个）	主枝数（个）
4层	24~30	60~75	10（结果枝）
3层	50~60	125~150	5~6
2层	78~90	195~220	6~7
1层	105~120	260~300	7~8
总计	250~300	640~745	18~21

注：每2.5个顶花芽留1个果

　　通过调查，北京地区富士苹果以短果枝结果为主，短果枝结果比例占57.5%，中果枝占14.5%，长果枝占29%。主要原因是春

季（4月、5月、6月）干旱少雨，夏季（7月、8月、9月）高温多雨造成的。春季短枝生长7~10d后，开始停长封顶，停长后一般不会再次破顶，这是短枝容易形成花芽的主要原因。中长枝和长果台副梢5月下旬才开始停长，由于停长晚营养积累不足，不利于花芽分化，雨季到来时，部分中、长枝再次破顶形成二次生长。北京地区短果枝占比高的年份，说明树体营养积累多，有利于来年的丰产，相反短果枝占比低的年份，来年一般都会减产。因此，短果枝的多少是判断大小年结果现象发生的重要依据。七年生细长纺锤形单株果枝数与结果数的相关性见表4-8。

表4-8 富士七年生细长纺锤形单株果枝数与结果数的相关性

类别	总数量（个）	其中：各类果枝（个）			各类果枝占（%）		
		长果枝	中果枝	短果枝	长果枝	中果枝	短果枝
果枝数	646	185	93	368	29	14.5	57.5
结果数	258	74	37	147	——	——	——

第四节 套袋和脱袋

一、套袋

北京地区早、中、晚熟的红色品种，套袋时期从5月下旬开始至6月中旬前结束，套袋期约两周。早、中熟品种因果实成熟早、避光期短，应先套袋，过晚套袋不利于果实的着色。绿色和黄色品种可适当晚套，一般在红色品种套完后进行。红色品种选择符合标准的双层纸袋，外层袋正面为白黄色，反面为黑色，内层袋为红色并涂有蜡层。绿色和黄色品种不需要避光，选择符合标准的单层纸袋，外层正面为白黄色，内层为白色并涂有蜡层。优质袋木纤维多，透气性好，抗风吹、日晒、雨淋能力强。

套袋的优点如下。

（1）着色好、果面光滑、外形美观。

（2）减轻病虫、鸟的危害。

（3）农药残留低或无残留。

（4）具有一定的抗冰雹能力。

（5）减轻日灼。

套袋的缺点如下。

（1）用工量大，成本高。

（2）优质果比率降低。由于果实个体发育的差异性，套袋后有部分果实发育不良，造成优质果比率的降低。据调查，套袋后小果的比率占全树总果量的30%左右，不利于果实整体质量水平的提高。

（3）由于果实套袋后长期避光的原因，易引起苦痘病的发生。

（4）可溶性固形物含量较低，套袋果比无袋果低1%~1.5%。

二、脱袋

红色的早、中熟品种，因成熟期果实避光期短，昼夜温差小，不易着色，应尽可能地延长果实脱袋期，一般脱袋在成熟前的15d为宜。晚熟富士果实避光期为90d，脱袋期从9月中旬至9月下旬前完成为宜，过晚脱袋果实着色不良。脱袋时先脱去外层袋，2~3d后再脱去内层袋，防止果实日灼的发生。脱袋时顺便摘掉托叶和挡光的叶片，便于果实梗萼洼处的着色。脱袋后2~3d内要及时打一遍杀菌剂，防止斑点病、轮纹病、炭疽病等果实病害的发生。黄绿色品种的脱袋应在果实成熟前的20d，最好选择多云、阴天进行，以减少日灼的发生。目前，北京地区黄绿色品种如王林、信浓金等，已开始实行无袋栽培，不但降低了生产成本，且有利于提高果实内外在的品质。

第五节　富士苹果采收前的着色管理

一、秋剪疏枝，改善树体的通风透光条件

9月上中旬脱袋前进行秋剪。主要内容：① 对株间已交叉的外围延长梢重短截；② 疏除树冠内膛旺长枝和挡光遮果的枝条；③ 对生长旺的果台副梢短截，剪留至5~7片叶。此期矮砧树正值新梢缓慢生长期或停长期阶段，秋剪后新梢不易萌发，树体通风透光好，有利于提高全红果的比率。

二、摘叶转果

（一）摘叶

摘叶应分两次进行。第一次摘叶9月中旬结合果实脱袋进行，摘去果柄的小托叶、无效叶和果实周边遮光的叶片。此次摘叶量约占全树总叶量的10%。摘叶量过重，养分供给不足，不仅影响果实着色，且还影响果实的含糖量和当年花芽形成的质量。第二次摘叶9月底至10月初，果实成熟前的20d进行，此次摘叶较重，摘叶后约占全树总叶量的20%。

（二）转果

两次摘叶完成后的10月上旬，将着色的果实阳面呈180°转到背阴面，转果后背阴面果实有1~2周的着色期，晚秋由于光照充足，昼夜温差大，便于果实着色，有利于提高全红果的比率。

三、铺反光膜

采收前的10~15d树下铺反光膜，通过反光膜的反射作用，使树冠下部和内膛果全面着色。铺反光膜着色效果见图4-7。

图 4-7 铺反光膜着色效果

此外，由于 SH_6 矮砧富士果实易着色，2017—2019 年在同一立地条件下，连续 3 年做了不铺反光膜的对比试验，结果不铺反光膜的处理区，树冠内外膛果同样着色良好，且与对照区没有明显差别。SH_6 矮砧富士处理与对照果实着色对比见图 4-8。SH_6 矮砧富士处理与对照果实着色调查见表 4-9。

图 4-8 SH_6 矮砧富士处理与对照果实着色状况

表 4-9 SH₆ 矮砧富士处理与对照果实着色调查 单位: 个

处理	调查果数	着色率 95 以上	着色率 75~94	着色率 74 以下	梗萼凹红
无反光膜	100	68	21	11	68
有反光膜	100	70	17	13	65

四、防止采前落果

津轻、王林等品种有采前落果现象,成熟前 40d,喷 20% 萘乙酸液 8 000~10 000 倍液 2~3 次。第一次喷布后,间隔 10~15d 喷布第二次,间隔 10d 左右喷布第三次,可有效减轻采前落果。

第六节 无袋栽培技术的应用

一、无袋栽培的意义

北京地区苹果套袋技术的推广应用,始于 20 世纪 90 年代初,发展至今已有 30 多年的历史。由于苹果套袋后果实易着色、果面光滑、细腻等优点,在生产中已得到广泛推广应用。随着近年农村从业人员的老龄化和人力资源的不足,使得苹果生产成本逐年上升。据调查,目前北京地区盛果期苹果园(平均亩产 2 500kg 左右),每亩经营费用在 6 000~7 000 元,其中仅套袋一项,每年每亩开支就达 1 800 多元,占生产成本的 25%~30%,且今后套袋的费用仍有上升的趋势。苹果套袋不仅开支大,费工耗时,且小果比率大,优质果率低,果园经济效益差。

为此,从 2013—2016 年连续 4 年开展了苹果无袋栽培的技术研究,技术实施后,黄色的信浓金品种成熟时果实金黄色,王林品种鲜绿色，充分显现出果实应有的自然色泽。红色的富士品种成熟时果浓红色，全红果率达 95% 以上。无论是黄绿色品种还是红色品种，可溶性固形物含量均比有袋栽培提高 1%~2%，苹果的质量水平也有了明显提高，取得了良好的效果。

二、果实着色的成因

不同的苹果品种，因为含有的色素不同，成熟时表现出不同的色泽。绿色品种的绿色是叶绿素的作用。黄绿色品种的绿黄色是含有 β－胡萝卜素、云香苷、紫黄嘌呤和新黄嘌呤等色素。随着果实的成熟和叶绿素的减少，紫黄嘌呤的含量增加，使果实成熟表现出黄绿色。

红色品种的幼果是绿色。在果实发育过程中，随着碳水化合物的积累和生态条件的变化（温差和光照），果实细胞内的糖代谢，由糖酵解途径转化为戊糖途径，经过苯丙酮酸，最后形成花青素，表现出红色。

苹果红色的发育，除决定于品种的遗传特性外，生态条件也起着重要作用。如苹果成熟前 30d，充足的光照和昼夜温差大于 10℃以上时，则有利于着色，反之则着色不良。选择着色优系的品种以及适宜的栽培措施，对果实着色也起到重要作用。如着色不良的品系即使套袋，也不易上色。此外，施肥对红色发育也有很大影响，过量施氮特别是在上色前施氮，直接影响果实的色泽。其主要的生理机制是，苯丙酮酸与氨相结合，形成苯丙氨酸，进一步合成为蛋白质。这样一方面直接减少了由苯丙酮酸形成花青素的数量，另一方面也因细胞内原生质的增多，致使液泡变小、糖含量下降，间接地影响了花青素的形成量。

三、天气因素对果实着色的影响

根据北京昌平 2013—2015 年 9 月 10 日至 10 月 20 日，富士成熟前 40d 的气象资料分析，天气因素对果实成熟前的着色有很大影响。日照时数 2013 年和 2015 年分别为 305.2h 和 312.4h，平均每天日照时数分别为 7.63h 和 7.81h，由于天气晴朗，日照充足，果实着色普遍良好。着色差的 2014 年，日照时数仅为 207h，平均每天 5.1h，由于阴天（雾霾）寡照，导致当年果实着色不良，即使套袋的果实，脱袋后也不易着色。

此外，日均温差对果实的着色也有很大影响。北京地区着色好的 2013 年和 2015 年，富士苹果成熟前的 40d，日均温差分别为 10℃和 10.9℃，由于昼夜温差较大，当年果实着色普遍良好。相反，着色差的 2014 年，由于日均温差仅为 9.4℃，昼夜温差小，导致当年果实着色不良。因此，昼夜温差大于 10℃以上有利于果实的着色，昼夜温差小于 10℃以下不利于果实的着色。富士苹果成熟前天气因素对果实着色的影响见表 4-10。

表 4-10　富士苹果着色期（9 月 10 日—10 月 20 日）天气因素对果实着色的影响

年度	晴	多云	阴	雨	雾霾	日均最高温（℃）	日均最低温（℃）	日均温差（℃）	降水量（mm）	日照时数（h）	着色效果
			（天数）								
2013	21d	5d	3d	5d	7d	22.8	12.9	9.9	42.1	305.2	优良
2014	16d	4d	7d	8d	6d	22.2	12.8	9.4	56.5	207.8	一般
2015	18d	4d	0d	7d	12d	24.1	13.2	10.9	69.2	312.4	优

注：数据来源北京市昌平区气象站

四、无袋栽培的关键技术

（一）选择着色优系种苗

栽培着色优系的苹果种苗，套袋与否果实均容易着色，且树冠内外膛果着色均匀，整齐度高，是实现苹果无袋栽培的基础。

（二）良好的立地条件

丘陵岗台地、相对海拔高的地域果园，日照足，昼夜温差大，有利于果实的着色，便于苹果的无袋栽培。平原地或低洼地果园，光照差、昼夜温差小，果实着色不良，不利于苹果的无袋栽培。

（三）发展矮砧密植果园

试验证明，SH_6矮砧与富士等多个品种组合后，果实着色好，果实成熟前即使不采取严格的着色管理技术措施，树冠内外膛果均容易着色，且着色早，果实浓红色。因此，发展SH_6矮砧密植园是实现苹果无袋栽培的重要技术环节。

（四）合理的栽植密植

矮砧苹果合理的栽植密度为（2m×4m）~（2.5m×4m），且栽培数年后，株间仍可保持良好的空间和枝展范围，树冠不易交叉郁闭，是无袋栽培的前提条件。

（五）采用细长纺锤形树形

矮砧密植园采用细长纺锤形整形，树体结构合理，充分利用空间和光能，实现立体化结果，果实着色好，是实现苹果无袋栽培的关键性技术措施。

（六）控制好 N 肥的施入

果园的土壤应每 3 年土测 1 次，调查了解土壤的养分状况，使 N、P、K 比例始终保持在（0.6~0.7）：1：1 的范围，低 N 高 P、K 的水平有利于果实的着色和实现苹果的无袋栽培。

（七）加强着色期的管理

苹果采收前的 30d，做好秋剪疏枝、摘叶、转果、地下铺反光膜等项着色期的管理工作，有利于提高苹果的全红果率，实现苹果无袋栽培的目标。

（八）果实安全、绿色

做好预测预报，科学防治病虫，减少化学药剂的使用次数，并选择高效、低残留的化学药剂，增加生物制剂和矿质型药剂的使用，确保果实的安全、绿色。

五、无袋栽培的果实质量

通过 2017—2019 年调查富士无袋栽培果实的着色和品质，无袋栽培果实全红果率历年均在 95％ 以上，与有袋栽培果实着色没有明显差别，且果实浓红，着色自然，蜡质层厚。无袋栽培的果实可溶性固形物比有袋栽培高 1%~1.5%。果实苦痘病发生少。矮砧富士无袋栽培的果实着色状况见图 4-9、图 4-10。矮砧富士无袋与有袋栽培果实质量见表 4-11。

图 4-9　矮砧富士无袋与有袋栽培的果实着色状况

图 4-10　矮砧富士无袋栽培果实的着色状况

表4-11 矮砧富士无袋与有袋栽培果实质量

处理	全红果率(%)	色泽	可溶性固形物(%)	硬度(kg/cm^2)
无袋	100	浓红	16.1	10.1
有袋	100	浅红或红	14.6	9.6

注：着色面积达95%以上为全红果

六、无袋栽培的药剂防治及农药残留检测

（一）无袋栽培的药剂防治

苹果无袋栽培的病虫害防治需要综合考虑。除清园外，苹果开花前用药两次，第一次以防治枝干害虫为主，第二次以铲除越冬虫源为主，并混杀菌剂保护花期的幼嫩组织不受病原菌侵染。苹果谢花后幼果膨大期用药2~3次，以保护幼果为主，并兼治各种病虫害，重点针对轮纹病、霉心病、锈病、叶螨、苹小卷叶蛾、蚜虫等选择药剂。北京地区苹果幼果膨大期的6月、7月、8月各喷1次杀菌剂、杀螨剂和内吸治疗性杀菌剂，主要用于防治枝干、叶部和果实病虫害。

1. 苹果开花前喷布第一次药剂

春季清园后3月底至4月初芽萌动期，全园喷布一遍广谱性杀菌剂，铲除潜伏于枝干表面的病原菌，保护剪锯口，防止剪锯口在4—6月被轮纹病菌和腐烂病菌侵染，铲除潜伏于树体表面和表层的病原菌。全园喷波美5°石硫合剂。

2. 苹果开花前喷布第二次药剂

苹果花蕾露红至花序分离期（北京地区4月上旬），喷布第二次药剂，主要防治蚜虫、叶螨、卷叶蛾等初孵或出蛰的幼虫，保护幼嫩组织在花期不受白粉病、锈病、霉心病等病菌的侵染。选择1~2种杀菌剂、1~2种杀虫剂和1种杀螨剂混合喷施。药剂使用43%戊

唑醇（好利克）悬浮液 2 000~2 500 倍液、40% 氟硅唑（福星）乳油 4 000~5 000 倍液或 25% 丙环唑 800~1 200 倍液。叶螨类防治药剂 1.8% 阿维菌素（虫螨克星）3 000 倍液。

3. 苹果谢花后至幼果膨大期喷布第三次药剂

4 月下旬至 5 月初，喷布第三次药剂，主要防治叶螨、霉心病、苹小卷叶蛾和轮纹病，同时兼治蚜虫、锈病、白粉病、斑点落叶病等。药剂选择以保护幼果为主，防病、治虫、杀螨、补钙同时进行。可选用 1~2 种杀菌剂，1 种杀螨剂和 1 种补钙剂混用。杀虫剂最好不选用广谱性的杀虫剂如菊酯类、有机磷类药剂，使用专化性强的杀虫剂。药剂使用 70% 丙森锌（安泰生）可湿性粉剂 800 倍液或 75% 代森锰锌水分散粒剂 800 倍液 +10% 多抗霉素可湿性粉剂 1 500 倍液 + 灭幼脲悬浮剂 1 500 倍液 +73% 炔螨特 2 000 倍液 + 黄金钙氨基酸水溶肥料 500 倍液。

对叶螨基数大的果园，可在 5—6 月发生初期，先喷布一遍杀螨剂，1 周后每株树按使用说明挂 1 袋捕食螨，可起到良好的防治效果。

4. 幼果膨大期喷布第四次药剂

5 月下旬至 6 月初，喷布第四次药剂，主要保护幼果免受轮纹病菌、霉心病菌和黑点病菌侵染，同时兼治蚜虫、锈病、斑点落叶病、腐烂病、叶螨等。可选用 70% 甲基硫菌灵可湿性粉剂 1 500 倍液 +15% 哒螨灵 3 000 倍液 + 黄金钙氨基酸水溶肥料 500 倍液。

5. 喷布第五次药剂

6 月中下旬，喷布第五次药剂，重点针对轮纹病、黑点病和蚜虫，兼治螨类、炭疽病、褐斑病、腐烂病等。可选用 75% 代森锰锌水分散粒剂 800 倍液 +25% 灭幼尿悬浮剂 1 500 倍液 + 黄金钙氨基酸水溶肥料 500 倍液。

6.喷布第六次药剂

7月上旬喷布第六次药剂，重点防治褐斑病、炭疽叶枯病、轮纹病、腐烂病、叶螨、金纹细蛾等，同时防治苹小卷叶蛾等。7月是北方地区的雨季，也是各种病菌侵染量最大的时期，雨季前全园喷布一遍波尔多液，配比为硫酸铜：生石灰：水 =1：（2~3）：200。15d 后喷布 75% 代森锰锌水分散粒剂 800 倍液，同时混加 5% 的唑螨酯悬浮液 2 000 倍液 + 甲维盐 3 000 倍液。

7.8—9月喷布药剂

8—9月用药重点针对褐斑病、炭疽叶枯病、轮纹病、斑点落叶病、腐烂病等。8月中旬前后，是北方地区全年降雨最多的一个月份，也是炭疽病、轮纹病和腐烂病等病菌侵染量较大的一个月份，全园喷布一遍波尔多液，配比为硫酸铜：生石灰：水 =1：（2~3）：200。1 周后喷布 75% 代森锰锌水分散粒剂 800 倍液。叶螨危害较重时，混加 5% 唑螨酯悬浮液 2 000 倍液。9月上旬再喷布一遍波尔多液，9月下旬富士苹果成熟前 30d，再喷布一遍低残留型杀菌剂。苹果成熟前菊酯类和有机磷类药剂禁用。

（二）无袋栽培的农药残留检测

根据上述苹果全年病虫害的综合防治，2016 年和 2018 年对农药残留进行了检测，检测结果均在安全或绿色果品检测值的范围，其中 2018 年重点检测的 8 种农药和重金属铅的残留均未检出，苹果无袋栽培的生产达到了近乎零农残的指标。2016 年矮砧富士苹果无袋与有袋栽培农药残留检测结果见表 4-12。2018 年富士苹果无袋栽培农药残留检测结果见表 4-13。

表 4-12　2016 年矮砧富士苹果无袋与有袋栽培农药残留检测结果

序号	农药检测种类	无袋富士		有袋富士	
		标准值（mg/kg）	检测值（mg/kg）	标准值（mg/kg）	检测值（mg/kg）
1	阿维菌素	—	未检出	—	未检出
2	吡虫磷	—	未检出	—	未检出
3	哒螨灵	—	未检出	—	未检出
4	甲氨基阿维菌素苯甲酸盐	—	未检出	—	未检出
5	三唑锡	—	未检出	—	未检出
6	灭幼脲	—	未检出	—	未检出
7	多菌灵	0.50	0.46	—	未检出
8	马拉硫磷	—	未检出	—	未检出
9	杀螟硫磷	—	未检出	—	未检出
10	氯氰菊酯	0.02	0.0077	—	未检出
11	氰戊菊酯	—	未检出	—	未检出
12	三唑酮	—	未检出	—	未检出

注：农业农村部果品及苗木质量监督检验测试中心检测（北京）。送样单位北京锦绣丹青苹果种植中心

表 4-13　2018 年矮砧富士苹果无袋栽培农药残留检测结果

序号	检测项目	标准值（mg/kg）	检验值（mg/kg）	单项结论	检测方法
1	克百威	≤ 0.02	未检出	合格	NY/T 761—2008
2	氧乐果	≤ 0.02	未检出	合格	NY/T 761—2008
3	毒死蜱	≤ 1	未检出	合格	NY/T 761—2008
4	丙溴磷	≤ 0.05	未检出	合格	NY/T 761—2008
5	氯氟氰菊酯	≤ 0.2	未检出	合格	NY/T 761—2008
6	氯氰菊酯	≤ 2	未检出	合格	NY/T 761—2008

（续表）

序号	检测项目	标准值（mg/kg）	检验值（mg/kg）	单项结论	检测方法
7	甲基异硫磷	≤ 0.01	未检出	合格	GB/T 5009.144—2003
8	多菌灵	≤ 5	未检出	合格	NY/T 1680—2009
9	铅	≤ 0.1	未检出	合格	GB 5009.12—2017

注：农业农村部果品及苗木质量监督检验测试中心检测（北京）。送样单位北京锦绣丹青苹果种植中心

七、无袋栽培的经济效益分析

目前，北京地区矮砧密植苹果园有袋栽培每亩生产成本为6 000~7 000元，按亩产2 500kg，4元/kg计算果园的收入，每亩毛收入为10 000元左右，投入产出比为1∶（1.3~1.4），扣除成本后每亩纯利润为30%~40%，成本高，经济效益低。无袋栽培后每亩生产成本约为5 000元，投入产出比为1∶2，扣除成本后每亩纯利润为50%左右，比有袋栽培利润高10%~20%。此外，无袋栽培由于疏定果期的延长，7—8月仍可疏除树上的小果和残次果，比有袋栽培优质果率提高10~15个百分点，每亩增加收入2 500多元。综上所述，无袋栽培优质果率提高，为果园增加收入4 200多元，经济效益明显。矮砧富士苹果无袋与有袋栽培亩经营成本见表4–14，矮砧富士苹果无袋与有袋栽培亩效益分析见表4–15。

表4–14　矮砧富士苹果无袋与有袋栽培亩经营成本

栽培方式	有机肥（元）	修剪（元）	疏定果（元）	套袋（脱）（元）	农药（元）	打药（人工）（元）	灌水（元）	中耕锄草（元）	反光膜（元）	燃油（元）	地租（元）	合计（元）
无袋	1000	600	700	0	350	450	300	400	500	100	600	5 000
有袋	1000	600	650	1800	300	450	300	400	500	100	600	6 700

表 4-15　矮砧富士苹果无袋与有袋栽培亩效益分析

栽培方式	开支（元/亩）	亩产（kg）	优质果率（%）	千克价格（元）	亩毛收入（元）	亩纯收入（元）
无袋	5 000	2 500	95	5.00	12 500	7 500
有袋	6 700	2 500	80	4.00	10 000	3 300

第七节　果园防鸟网设施的建立

一、建立的必要性

我国苹果园普遍建立在山坡、丘陵地域，周边植被较丰富，一些危害果实的鸟类，如黑喜鹊、灰喜鹊等常栖息于此，造成果园鸟害多发。据调查，一般苹果园果实鸟害率为 5%~10%，山坡地和独立地块可达 10% 以上，矮砧密植苹果园一般亩产 4 000kg 水平，按 10% 危害率计算，造成产量损失 400kg 左右，按 5 元/kg 均价计算，年损失 2 000 元/亩，而防鸟网设施安装成本 5 000 元/亩左右，按使用年限 5 年计算，每年可增加果园收入 1 000 元左右，因此，在鸟害多发地块建设防鸟网设施是有必要的。

二、防鸟网的作用

（1）防止鸟害，增加果园收入。

（2）起到一定的防雹作用。冰雹多发区可将防雹网安装到防鸟网系统上，减轻冰雹危害。

三、防鸟网建设的方法

（一）安装时期和材料选择

防鸟网一般在苹果园进入初盛果期时开始安装（矮砧密植苹果园一般 4~5 年生时），并可结合矮砧支柱系统，提前一次性完成支撑系统的安装，待进入结果期后再装上防鸟网即可。防鸟网支架系统可选择钢制、水泥制，钢制材料坚固耐用、美观简洁，但造价较高，亩造价 5 000 元左右（其中网材 1 000 元左右），水泥材质较便宜，可因地制宜选择相应材质。防鸟网一般用尼龙材质的，寿命 5 年以上，降雪早、暴雪多发地区的果园应选择能收放的防鸟网系统。

（二）防鸟网设施的安装

防鸟网设施支撑系统由主杆、附主杆构成。施工时，在园子四周及各行树的两端先竖立主杆（高 4~4.5m，粗 9cm），在各行间隔 25m 竖立附主杆（高 4~4.5m，粗 6cm）。先做好水泥基桩，然后焊接主杆和附主杆，矮砧密植园可与支柱系统结合使用，减少安装用材成本。各主杆、附主杆用钢绞线连接（7 股细线即可），为防鸟网网材的支撑线，四周主杆宜用支撑杆结构增加设施支撑力，减少雪害压塌的风险。防鸟网设计施工见图 4-11。

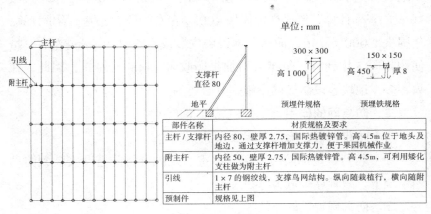

图 4-11　防鸟网设计施工

（三）注意事项

（1）防鸟网主杆、附主杆高度因果园树形、树高而异，一般在 4m 以上为宜。

112

（2）为防止大雪将防鸟网压塌压坏，雪天应及时振落积雪。

（3）防鸟网网材寿命一般5年以上，期间发现漏洞及时修补，并定期更换老化的鸟网。

（4）冰雹多发区可将防雹网、防鸟网复合起来使用，减轻冰雹危害。

第八节　采收和贮藏

一、确定采收期的方法

苹果采收期，对果实的品质和贮藏性有很大影响。北京地区矮砧王林苹果的成熟期为10月中旬，采收过早果实易变绵，风味差，不耐贮藏。矮砧富士苹果成熟期为10月中下旬，成熟期以果肉出现少量果蜜为宜。根据不同地域条件、气候特征、不同砧木、树势等因素综合考虑。采收前调查果实成熟度后，再决定收获的日期。苹果不同砧穗组合果实生育期调查见表4-16。富士不同砧木组合果实养分测定见表4-17。

表4-16　苹果不同砧穗组合果实生育期调查

品种与砧木组合	盛花期（月·日）	从盛花-成熟（日数）	采收始期（月·日）
富士 / 八棱海棠	4.16	185	10.23
富士 /SH$_6$/ 八棱海棠	4.18	180	10.17
王林 /SH$_6$/ 八棱海棠	4.15	175	10.10
信浓金 /SH$_6$/ 八棱海棠	4.16	135	9.1
信浓金 / 八棱海棠	4.16	187	10.23
弘前富士 /SH$_6$/ 八棱海棠	4.16	160	9.25

注：信浓金与普通砧组合10月下旬成熟；与SH$_6$矮砧组合9月初成熟。弘前富士为有袋栽培；其他为无袋栽培

表4-17　富士不同砧木组合果实养分测定

类型	总糖（g/100g）	总酸（g/100g）	维生素C（mg/100g）	B族维生素（mg/100g）	氨基酸（g/100g）	Fe	Mg	Ca	K	Zn
						（mg/100g）				
SH₆矮砧	13.8	0.406	5.06	0.089 7	0.447	0.198	4.44	5.14	92.3	0.696
普通乔砧	12.9	0.244	4.8	0.086 5	0.429	0.273	4.66	6.14	70.1	0.623

注：检测单位农业部农产品质检中心（北京，2013年11月28日）

二、成熟度的调查方法

（一）样本的采集

选择2株近似的树势采集果实，每株树的南–西面和北–东面随机各采集1个果实，果实大小、着色要均匀。

（二）测定硬度

用果实硬度计测定。相对于果实纵径的中部对应的2处，削去果皮薄薄一层后测定。

（三）测定糖度（可溶性固形物）

用手持糖度计或旋光测糖仪测定。分别在阳面和阴面2处，深达果心带皮削取果肉切片，测定前将糖度计或测糖仪用水清零后测定。

（四）果蜜析出程度

将果实横断面切开，最好切至果心种子的一半，取果实平均值作为判断果蜜析出的标准。果蜜指数从0~4，分为5个等级，果蜜有少量析出，果蜜指数为2时，风味浓，是苹果的最适采收期。果蜜程度指数见图4-12。

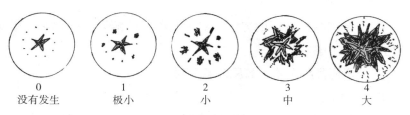

图4-12 果蜜程度指数

（五）碘化淀粉染色反应

判断果蜜析出程度后，在果实的横断面滴上营养素·钾溶液1g（100mL水加入5g可溶性钾），观察染色反应（面积）。染色程度因品种而异，计算染色面积，判断果实的成熟度。碘化淀粉反应指数达到2时适合采摘。碘化淀粉反应指数见图4-13。

图4-13 碘化淀粉反应指数

（六）口感（指数）

5级：成熟度非常好。

4级：良好。

3级：品种特有的风味开始呈现，有稍微未熟的感觉，但可以食用。

2级：未熟，还不适合食用。

1级：未熟，不适合食用。

（七）其他

以上是判断成熟度的方法。对采收期间的落果程度、着色程度等也要综合考虑。

三、不同品种采收、贮藏注意事项

（一）津轻

北京昌平地区普通乔砧树成熟期为 8 月下旬，正值果实着色盛期，应分 2~3 次采收，有利于果实着色。此外成熟时正值高温天气，采收后不能长时间搁置果园，果肉容易变绵、软化，摘后应及时放置冷藏库中贮藏。普通冷藏 50d 左右。津轻采收时的指标见表 4-18。

表 4-18　津轻采收时的指标

口感	糖度	碘化反应	种子颜色	硬度（kg/cm^2）
3.5 以上	12.0%	3.5 以上	褐色	8.5

（二）王林

北京昌平地区 SH_6 矮砧王林采收期为 10 月中旬，采摘过早，果实风味差，易变绵，冷藏后易发生苦痘病。普通冷藏到 3 月上旬。王林采收时的指标见表 4-19。

表 4-19　王林采收时的指标

口感	糖度	碘化反应	底色	硬度（kg/cm^2）
3.5 以上	13.0% 以上	2~3	3~4	9~10

注：底色指数浓绿色为 1，黄色为 5

（三）富士

北京地区采收始期为 10 月中下旬。收获期过早，贮藏后易发生苦痘病；过晚易发生褐变。采收时果蜜出现品质最佳，果蜜指数达到 4 以上，贮藏期的果实易发生蜜褐变现象。普通冷藏到 5 月中旬。富士采收时的指标见表 4-20。

表 4-20　富士采收时的指标

类别	口感	糖度	碘化反应	蜜程度	硬度（kg/cm^2）
无袋	4 以上	14.0%	2 以上	2 以上	9~11
有袋	3 以上	13.5%	2 以上	1 程度	10~11

（四）早生富士（弘前富士等）

北京市昌平地区采收期为 9 月下旬，采收期过早糖度低，品质差。由于无采前落果现象，过晚采收，果肉易变绵，不耐贮藏。采收时正值着色期，应分两次采收，有利于着色。早生富士采收时的指标见表 4-21。

表 4-21　早生富士采收时的指标

口感	糖度	碘反应	硬度（kg/cm^2）
3.5 以上	13.5% 以上	1 以上	9~10

（五）信浓金

SH$_6$ 矮砧与信浓金品种组合，果实成熟期为 8 月底至 9 月初，采收过早可溶性固形物含量低，采收过晚萼洼易开裂，适时采收，果金黄色，果实硬度大，可溶性固形物含量 16% 以上。普通冷藏到 5 月中旬。信浓金采收时的指标见表 4-22。

表 4-22　信浓金采收时的指标

类别	口感	糖度	碘反应	硬度（kg/cm^2）
乔砧	3.5 以上	14% 以上	1.5 以上	10~11
SH$_6$ 矮砧	3.5 以上	16% 以上	1.5 以上	9~10

四、果实采后处理

（一）冷藏

收获后应迅速入库冷藏。果实采后在高温的条件下，呼吸量急速增加，大量消耗果实贮藏的养分，田间长时间搁置，贮藏后很容易发生苦痘病等一类的生理病害。

（二）选果、分级

为减少采后选果的周转次数，避免人为造成的损伤，苹果下树时，除临时销售的果需要预留外，对冷藏的果实，一次性装入箱内，及时入库贮藏，装箱时去除伤残果、小果和着色差的果，贮藏的果待出库销售时再进行分级包装处理。SH_6矮砧富士果实横径与单果重分级参照标准见表4–23。

表4–23　SH_6矮砧富士果实横径与单果重分级参照标准

分级标准	果实横径（cm）	单果重量（g）	着色率（%）
特级果	9.5	350~370	95以上
优等果	9.0	325~330	95以上
一级果	8.5	280~290	90左右
二级果	8.0	250左右	90
三级果	7.5	200左右	85

（三）贮藏

苹果贮藏的目的，是抑制果实呼吸和减少水分的散失，防止寄生病害、生理病害的发生，以及去除乙烯气体等。抑制果实呼吸的重点是降低温度、维持较高的湿度、减少氧的含量、增加二氧化碳浓度，达到长期贮藏保鲜的目的。

1. 普通冷藏

（1）温度。苹果果实冰点的温度，因品种的内含物和充实度的差异而不同，一般为 -2℃左右。相对而言温度越低，贮藏的效果就越好，贮藏温度以 0~1℃为宜，库内温度要均衡。

（2）湿度。相对湿度保持在 85%~95% 为宜。减少果实水分散失，使果肉细胞间隙的水分处于饱和状态是非常重要的。苹果出库前，冬季在库外湿度非常低的情况下，门上应装上棉布帘，防止外面空气的流入。此外，在没有预冷库设施的情况下，果实入库前的 4~5d，冷藏库内的温度应设置在 -1℃左右，收获的果实上午采摘的要上午入库，不要一次性大量入库。苹果的摆放要留有一定的空隙，便于库内冷气的循环。

2. CA 贮藏

所谓 CA 贮藏，即苹果贮藏库内的气体组成由人为调整（减少氧的含量、提高二氧化碳的浓度），其次是贮藏库的温度。

（1）温度、湿度。温度、湿度与普通冷藏库相同。但 CA 贮藏气密性要求条件高，气密性一旦破坏，气体组成很难重新调整。

（2）气体浓度。氧的浓度一般控制在 1.8%~2.5%，降低氧的浓度，可以保持果实的新鲜度和抑制贮藏中的生理病害，在管理上尽可能地降低氧的浓度。但 1.5% 的浓度以下时，容易引起无氧呼吸，产生酒精中毒。因此，氧的浓度要始终保持在 1.5% 以上。

二氧化碳浓度一般控制在 1.5%~2.5% 的管理范围。二氧化碳浓度高有利于果实的长期保鲜，但二氧化碳气体障碍的危险也在增加，因此，贮藏期间对库内二氧化碳浓度的管理要高度重视。

CA 贮藏库内氧的浓度过低，容易引起人的窒息，入库前确认氧浓度高于 18% 以上时方可进入库内。

3. 保鲜剂（1-MECYPRO）贮藏

温度、湿度与普通冷库相同，利用 1- 甲基环丙烯微囊粒剂贮藏，可有效抑制乙烯的作用，使苹果在贮藏过程中保鲜。使用方法：苹果采摘后 7d 内处理，先在筐内（木制筐或塑料筐均可，每筐贮存苹果 10kg 左右）放入保鲜袋，摆放好苹果后，将微囊粒剂 5mg/ 包蘸水后放入筐（袋）内，保鲜袋折叠封口后入库贮藏即可。

第五章

土肥水管理

果树是由地上部和地下部构成的统一整体。根系不断地从土壤中吸取水分和养分等，调控地上部的生长发育，而地上部制造的碳水化合物为根系生长提供能源，又促进了根系的生长。因此，根系生长发育的好坏、根类、根量、根系吸收和合成能力的高低等都与土壤密切相关。土壤疏松、通气良好，则微生物活跃，可提高土壤肥力，有利于须根系生长。因此，加强果园的土、肥、水综合管理，才能保证苹果的连年稳产高产。

第一节　矿物质营养元素

苹果组织中含有多种营养元素，需要量较多的氮、磷、钾等大量元素，需要量微少的钙、铁、镁、硼、锌、锰、铜、硫等为中微量元素，这些元素是苹果正常生长发育所不可或缺的。

一、氮

氮是苹果树需要量最多的、最重要的一种矿质营养元素。在苹果树体内，氮是合成氨基酸、蛋白质、细胞核中的核酸、细胞膜的磷脂等的主要元素，也是叶绿素、酶和维生素类的组成成分。氮可促进营养生长，提高光合效能。氮素不足，影响蛋白质形成，造成树体营养不良，枝条基部叶片黄化，甚至落叶和造成严重生理落果；氮素过多，则使苹果树体内的碳水化合物和氮素间失去平衡或与其他元素间的关系失调，造成树体旺长，花芽分化不良、落花落果严重，降低产量、品质、耐贮性和抗逆性。

二、磷

磷也是苹果树需要量较多的一种主要矿物质营养元素。在树体内，磷是细胞原生质和细胞核的主要组成部分，也存在于磷脂、核酸和酶、维生素等物质中，它参与树体主要代谢过程，并发挥能量传递、贮存和释放等功能。能促进碳水化合物的运输，参与呼吸过程。磷与氮结合，还能提高组织中的蛋白质含量。

在苹果树的生长结果中，磷能促进根系发育，有利于花芽分化和提高果实品质，还能增强树体的抗逆性和抗病性。缺磷时，树体的物质代谢和能量代谢发生生理障碍，引起树势衰弱，影响根系发育和花芽分化。严重缺磷时，叶片边缘出现半月形坏死斑，果品产量、质量下降，树体的抗逆性和抗病性降低。

三、钾

钾也是苹果树吸收最多的一种重要矿物质营养元素。钾不是树体的结构物质，它的主要生理作用是维持细胞原生质的胶体系统和细胞液的缓冲系统。在物质代谢过程中，能促进碳水化合物的合成、运输和转化，对蛋白质和叶绿素的合成等也有一定的促进作用。

在苹果树的生长结果中，钾的主要作用是促进组织成熟，提高果品质量和耐贮性。钾肥不足影响光合作用，树体长势衰退，果品质量和贮藏性下降。严重缺钾时，叶片从边缘向内焦枯（烧叶现象）。钾在树体内可再度利用；钾肥过多，由于离子间的拮抗作用，影响其他元素的吸收利用，从而常表现缺镁症状，还会使树体内钙的含量相对降低。

四、钙

钙是细胞壁和胞间层的组成成分，对碳水化合物和蛋白质的合成有促进作用。钙能调节植物体中的酸碱度，避免或降低碱性土壤中的钠离子、钾离子和酸性土壤中残留的氢、锰、铝等离子的毒害作用，使树体正常吸收氨态氮。钙能中和土壤中的酸碱度，对土壤微生物的活动有良好作用。钙大部分积累在植物体的较老部分，是不易移动和不能再度利用的元素，缺钙时首先在幼嫩部分受害，苹果叶片呈现坏死组织，树体易遭受冻害。果实采收前和贮藏初期，易发生苦痘病，果面发生圆斑而后凹陷，表皮呈褐色坏死，高氮低钙易引起果实钙的缺乏。钙量过高，铁离子难以进入植物体内，造成缺铁失绿现象。

五、铁

铁在苹果树的生长发育中需要量甚微，但是不可或缺的微量元素。铁是多种酶的组成成分，参加细胞内的氧化还原作用。铁不是叶绿素的成分，但对叶绿素的形成有促进作用。铁在含钙过高的碱性土壤不易被吸收。铁在树体内不能再度利用，缺铁时幼嫩叶片出现失绿现象，老叶仍为绿色。

六、硼

硼是苹果树一种必需的重要微量元素。硼能提高光合作用和蛋白质的形成，促进碳水化合物的转化和运输。在苹果花器中硼的含量最高，能促进花粉发芽和花粉管的伸长，对子房发育也有一定促进作用。硼还能提高果实中维生素和糖的含量，增进品质。硼在树体内属于活动性弱的元素，不能再度利用。缺硼能使根、茎生长点枯萎，叶片变色或畸形。春季芽萌发不正常或萌芽后枯死，或只发出纤细枝后随即枯死。严重缺硼枝条顶端有小叶簇生。花芽分化不良，受精不正常。果实易发生"木栓"缩果病，自谢花后15d起至采收，陆续发生，先在果肉内发生圆形水浸状病变，随即变成褐色，呈海绵状。

七、锌

锌是苹果树的一种必需的微量元素，锌在树体内的主要作用是作为碳酸纤酶的组成成分，参与二氧化碳和水的可逆反应，形成色氨酸，促进树体正常生长。缺锌时，枝梢生长量小、萌芽晚，新梢顶部叶片狭窄、质脆、小叶簇生，故称"小叶病"。花芽形成不良，所结果实小而畸形。幼树根系发育不良，老树根系腐烂严重。

八、锰

锰是苹果生长发育不可缺少的元素。锰对树体是一种接触剂，可加强呼吸强度，促进光合作用。锰有助于种子的萌发和幼苗早期生长，促进花粉管生长和受精顺利完成过程，促进和提高果实含糖量。缺锰叶片自新梢先端向下黄化，逐步扩展到老叶，幼树发病较少，成树发病较多。

第二节　土壤改良与施肥

一、肥料的种类

果园土壤施肥应以有机肥为主，并施腐熟发酵过的有机肥，有利于改良土壤，提高土壤肥力和有机质水平。主要有机肥料营养成分见表5-1。

表 5-1 主要有机肥料营养成分

成分 类别	N（%）	P₂O₅（%）	K₂O（%）
猪粪	0.56	0.40	0.44
羊粪	0.65	0.50	0.25
牛粪	0.32	0.25	0.15
鸡粪（风干）	3.0	3.1	1.5
骨粉	4.1	22.3	—
米糠	2.0	3.9	1.5
豆秸	0.58	0.08	0.73
野草（鲜）	0.54	0.15	0.46

二、施肥时期和施肥方法

（一）施肥时期

幼龄果园施肥时期在 9 月中下旬至 10 月中旬进行，此期根系正值生长期，断根容易愈合，并可发出新根，有利于养分的转化、吸收和贮藏。

成龄果园施肥时期最好也在 9 月中下旬进行，但正值采收前管理的繁忙季节，生产中多在苹果采收后施肥。

（二）施肥方法

1. 幼龄期和初果期矮砧园的施肥

栽植前经改良后的果园，2~3 年内每年秋施腐熟有机肥 2~3m³/亩。未经彻底改良的果园，每年秋施腐熟有机肥 4~5m³/亩，有利于快速提升土壤有机质水平。施肥采用铺施的方法，即在树冠径（0.60m×0.80m）的距离将肥料均匀地铺撒在树下，铺后深翻至 30~40cm，并及时灌水。

2. 成龄期矮砧园的施肥

施肥标准应根据土壤有机质，N、P、K 三要素，树龄、树势以及上年产量等因素综合考虑。一般矮砧密植果园，进入盛果期后，每年每亩施有机肥 1~2m³，施肥量不宜过大，过大不利于稳定树势并造成肥料的浪费。有机肥的施肥方法由传统的扩坑施肥（树冠周围挖环状沟）改为树下铺施，在树冠径 1.0~1.2m 的范围内，将肥料均匀地铺撒在树冠下，铺后深翻灌水。铺施有机肥的优点：① SH_6 矮砧树根系浅，根系主要集中分布在 30~40cm，水平根系分布在 1.5m 左右，铺施后有利于根系及时吸收利用；② 肥料与土壤易混合均匀，避免肥害的发生；③ 有利于控冠，肥料铺施在一定范围，由于根追肥走的原因，可有效限制根系的扩延，达到控冠的目的；④ 铺施后机械耕翻，减轻劳动强度，提高工作效率。

（三）盛果期树不同肥力果园的施肥标准

为准确了解和把握盛果期树果园的土壤养分状况，果园应每 2~3 年进行 1 次土壤检测，依据检测结果及树势、产量等因素，科学有效地制定施肥方法。

1. 高肥力果园

高肥力的果园，土壤的有机质应在 3% 以上，碱解氮 150~200 mg/kg、有效磷 300~350mg/kg、钾 300~350mg/kg，N、P、K 三要素比例约为 0.6 : 1 : 1，果园平均亩产可稳定在 4 000~5 000kg 的水平，树势生长均衡，且不易发生大小年结果现象，当年花芽形成良好。在此条件下秋施有机肥，每亩 1~2t 为宜。也可不施有机肥，可适量施入骨粉类精制肥料，株施 1.5~2.5kg，亩施 100~170kg。此外，苹果采收后还应施入少量的氮肥（尿素），株施 1~1.5kg（尿素），以补充树体产后氮素的流失，提高树体营养积累水平，利于来年花芽的饱满和开花整齐。

2. 中肥力的果园

中肥力的果园土壤有机质 2.5%~2.9%，碱解氮 100~150mg/kg、有效磷 150~200mg/kg、有效钾 150~200mg/kg，N、P、K 三要素比例为 0.7∶1∶1，果园平均亩产可稳定在 3 000kg 左右的水平。高于这一产量指标，易出现大小年结果现象。因此，每年应适当增加有机肥的施入量，每亩施有机肥 4~5m³，采收后并补充氮肥（尿素）0.5~1kg/ 株。

3. 中低肥力的果园

中低肥力的果园土壤有机质 2% 以下，碱解氮 80~100mg/kg、有效磷 100~150mg/kg、有效钾 100~150mg/kg，N、P、K 三要素比例为 0.7∶1∶1，果园平均亩产可稳定在 2 000~2 500kg 的水平，高于这一产量指标，易出现大小年结果现象，树势易早弱。因此，果园每年应适当加大有机肥的施入量，每亩施 6~8m³，还应树下覆盖有机物如麦糠、稻糠、粉碎秸秆等，利于提高土壤肥力水平。富士苹果盛果期树土壤肥力与产量参照指标见表 5-2，2009—2014 年连续 6 年成龄矮砧果园土壤测定结果见表 5-3，2019 年老果园更新后 6 年生矮砧果园土壤测定结果见表 5-4。有机肥施肥方法见图 5-1。

表 5-2　富士苹果盛果期树土壤肥力与产量参照指标

土壤肥力				株行距（m）	株产（kg）	亩产（kg）
有机质（%）	碱解 N（mg/kg）	有效 P（mg/kg）	有效 K（mg/kg）			
3~3.5	150~200	300~350	300~350	2.5 × 4	60	4 000
				2 × 4.5	60	4 500
				2 × 4	55	4 500
2.5~2.9	100~150	150~200	150~200	2.5 × 4	45	3 000
				2 × 4.5	45	3 300
				2 × 4	40	3 300

（续表）

土壤肥力				株行距（m）	株产（kg）	亩产（kg）
有机质（%）	碱解 N（mg/kg）	有效 P（mg/kg）	有效 K（mg/kg）			
1.9~2.4	80~100	100~150	100~150	2.5×4	35	2 500
				2×4.5	35	2 600
				2×4	30	2 500
1~1.8	80~100	100	100	2.5×4	30	2 000
				2×4.5	30	2 200

表 5-3　2009—2014 年连续 6 年成龄矮砧果园土壤测定结果

检测时间	pH值	有机质（g/kg）	碱解N（mg/kg）	有效P（mg/kg）	有效K（mg/kg）	有效Ca（g/kg）	有效Mg（g/kg）	有效Fe（mg/kg）	有效Mn（mg/kg）	有效Zn（mg/kg）	有效B（mg/kg）
2009	7.25	25.1	106	368	356	2.72	—	28.2	—	10.8	0.75
2010	7.71	29.1	88.4	298	428	3.80	—	19.8	18.6	9.44	0.68
2011	7.32	29.8	138	325	684	3.26	0.554	19.0	4.2	9.45	1.44
2012	6.42	28.0	184	319	918	5.50	0.619	31.0	—	38.6	1.66
2013	7.45	35.3	80.5	323	736	5.79	0.469	22.0	10.7	11.9	0.71
2014	7.23	24.3	286	165	303	1.02	0.276	23.8	12.5	15.1	0.78

注：土壤测定为北京昌平锦绣丹青苹果种植园

表 5-4　2019 年老果园更新后 6 年生矮砧果园土壤测定结果

检测时间	pH值	有机质（g/kg）	碱解N（mg/kg）	有效P（mg/kg）	有效K（mg/kg）	有效Ca（g/kg）	有效Mg（mg/kg）	有效Fe（mg/kg）	有效Mn（mg/kg）	有效Zn（mg/kg）	有效B（mg/kg）
2019	7.20	4.52	209	389	474	2.69	364	33.0	6.07	21.0	0.923

注：土壤测定为北京昌平锦绣丹青苹果种植园

图5-1 有机肥施肥方法

（四）叶面喷肥

果园追肥，除采收后施入少量氮肥，补充产后消耗营养外，生长季不宜追施氮肥。氮素补充方法主要以叶面喷施为主，在叶幕形成后的4月底至5月下旬，结合病虫防治喷施尿素200~250倍液2~3次，利于树体前期的营养生长和促进果实膨大。此后生长的中后期喷施主要以磷钾肥为主，即在6—8月间结合病虫防治喷施磷酸二氢钾800倍液3~4次，有利于促进花芽分化和枝条的充实。此外，为防止苹果苦痘病的发生，谢花后10d至果实成熟前的30d，应喷施水溶性的甲酸钙500倍液或黄金钙3~5次。此期喷施钙肥非常重要，有利于防止苦痘病的发生。

（五）叶片大小的营养判断

苹果叶片的大小、薄厚、颜色等，与树体营养状况有着密切的关系，北京地区4月中下旬当叶幕形成后，叶片横径5~7cm，纵径

9~12cm，叶面积 30~50cm² 时，是最好的叶片，叶片厚而宽，光合能力强；叶片薄、纵径长的叶片光合能力低下。当年生长的发育枝，从新梢基部、中部到顶端，叶片大小基本一致，说明树体养分积累供给充裕、均衡。由基部、中部到顶端的叶片由小到大，说明前期营养特别是氮素不足。相反叶片由大到小，说明前期氮素过多，后期营养不良。叶片大小的变化判断见图 5-2。

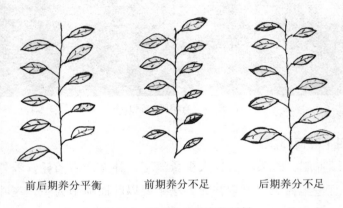

前后期养分平衡　　　　前期养分不足　　　　后期养分不足

图 5-2　叶片大小的变化判断

第三节　果园生草、覆盖技术

土壤是果树生存的载体和多种养分供应的来源，土壤的理化性质对果树的生长发育、结果期寿命、产量高低、品质优劣和各种栽培措施的实施效果都起到重要作用。

我国传统的土壤管理制度，清耕制占很大比例。而果园清耕最大的弊端是大量损坏果树的主要吸收器官毛细根系，造成土壤有机质因过度消耗而明显不足，不利于土壤微生物的生存，土壤有机质严重匮乏，导致树体早衰减产，果实品质下降明显。

一、果园生草

（一）果园生草的作用

1. 调节地表温度，促进根系活动

地表温度对果树根系生长发育影响很大，当温度适宜时，根系生长旺盛，反之会出现被迫休眠状现象，甚至死亡。根系生长的适宜温度为 15~25℃，清耕果园夏季地表温度高达 30℃以上，冬季地表温度在 0℃以下，而生草后，夏季地表温度可降低地温 3~5℃，冬季能提高地温 3~5℃。因此生草可有效调节地表温度，促进根系的活动。

2. 提高土壤有机质含量

果园生草可有效提高土壤有机质含量。果园行间每年割草 3~4 遍，每平方米一次可割 1.5~3.5kg 的鲜草，据统计每 5kg 的干草可增加 0.3% 左右的有机质。果园生草 3 年后有机质含量由 0.7% 可提高到 1.35%，5 年后提高到 2.19%，土壤有机质消耗可以得到有效补充。

3. 增加土壤微生物与有益生物

生草的果园土壤微生物菌群（主要指益生菌）、蚯蚓等生物的粪便是一种颗粒状的高效肥料，肥沃的土壤蚯蚓多，每平方米有 8~10 条，高的可达 250 条，若按每亩 7 000 条蚯蚓，每条每天排出蚯蚓粪 1g 计算，每亩每年能产出优质、高效、富含有机质的颗粒肥料约 1.5t。蚯蚓粪不仅含有 N、P、K 等大量元素，还含有 Fe、Mn、Zn、Cu、Mg 等多种中量元素、微量元素和 18 种氨基酸，有机质和腐殖质含量可达 30%，且含微生物有益菌群约 1 亿个 /g，更重要的是含有拮抗微生物和未知的植物生长素。

4.减少投入，提高土壤肥力

矮砧苹果树约 80% 的毛细根集中分布在 0~30cm 的土层中，经常锄草，会大量破坏毛细根系，且用工大、费用高。果园采用树下覆盖，行间生草，不但可有效降低生产成本，减轻劳动强度，还可有效提高土壤的肥力。由于土壤中一些难以被果树吸收利用状态的矿物质营养被草吸收，草转化为腐殖质后，再被果树吸收利用，间接地提高了土壤的肥力。

5.减少水土流失，改善土壤理化性质

果园生草可增加土壤腐殖质，促进土壤团粒结构的形成，使黏重土壤变得疏松透气，沙质土壤蓄水保肥能力提高，减少了水土流失，改善了土壤的理化性状和促进土壤微生物的活动。

（二）果园生草方式

1.自然生草

自然生草，是在果园行间任其自然生草，利用活的草层进行覆盖。自然生草草种资源丰富，适应性强，能缓慢增加土壤有机质，增强土壤通透性，简单易行，节省投资，生草效果好，易被果农所接受。缺点是产草量受自然条件影响较大，且多为禾本科植物，容易出现与果树"争氮"现象，需适时、适量地补充氮肥。采用自然生草一般不必在果园内种植特定的草种。自然生草夏季每次刈割后，将割下杂草覆盖至树下或自然割撒至树的行间，任其腐烂。果园行间生草需 3~5 年翻压 1 次，达到果园疏松、提高土壤有机质的目的。

2.人工生草

人工生草是在果园行间，播种适宜的草种。种子播种分春播和秋播。春播野生草生长茂盛，人工生草后易被野生草"吃掉"，秋播野生草生长开始枯萎，播种后有利于人工草的生长。人工生草的好处是生草多、生长速度快，草种多为豆科、十字花科及禾本科等，含有丰富的有机营养，腐熟后可快速增加土壤有机质和矿物质营养。人工生草的缺点是需要一定的资金投入，人工草单一，抗逆性差，生草维持年限较短。

（三）果园生草的种类及选择原则

果园选择的生草种类应具有适应性强、植株矮小、生物产量高、不易与果树争肥、没有同一病虫危害的植物。

1. 自然生草种类

果园自然生草的种类有马唐、虮子草、虎尾草、狗尾巴草、车前草、蒲公英、荠菜、马齿苋、野苜蓿等。

2. 人工生草种类

人工生草选择的草种应具有适应性强、易于栽培、生物产量高、含有丰富的营养物质等。北京地区常用的有田菁、紫花苜蓿、毛叶苕子、红三叶草、白三叶草等豆类牧草和蒲公英、二月兰等草本植物。

（1）田菁。为一年生豆科草本植物。耐盐碱能力强，在 $0\sim5cm$ 的土层内含盐量小于 0.55% 时，即可正常生长；含盐量 1.038% 时，也能正常出苗生长。田菁具有排盐碱能力，脱盐率可达 44%，抗涝性也很强，如水淹 $4\sim5d$ 后仍能正常生长。田菁鲜草含水分 80.0%，含氮 0.52%，含磷 0.07%，含钾 0.15%；干草含氮 3.24%。

田菁的根系发达，根瘤菌多。春播可收草 2 次，亩鲜草产量为 $1\,500\sim3\,500kg$。前期与果树争肥、争水的矛盾小，到了雨季生长迅速，吸水较多，还能起到生物排水作用。播种期为春播和秋播，播种量 $3\sim4kg/$ 亩，压青或刈割时间为花蕾至初花期。

（2）苜蓿。为多年生豆科草本植物。在排水良好、富有石灰质且含盐量不超过 0.3% 时可正常生长，根系特别发达，茎高可达 $1.5m$，分枝多。播种当年生长较慢，第二年生长迅速，亩产鲜草量为 2 000~3 500kg，一次播种可利用 3~5 年。苜蓿含氮 0.56%，含钾 0.31%，含磷 0.18%；干草含氮 3.1%。播种期为秋播和春播，播种量 0.75~1kg/ 亩。压青或刈割时间，第一年秋割 1 次，第二年至第四年每年刈割 3~4 次。

（3）毛叶苕子。又称毛巢菜，为 1 年生或 2 年生豆科植物。耐寒性较强（耐 -20℃低温），喜潮湿，耐阴，但抗涝性差，春播当年 7 月开花，秋播第二年 5 月开花。如能适当早播，越冬前茎蔓覆盖住地面，对果园保墒、防风固沙有良好的作用。苕子养分含量最高的时期为盛花期，此时翻耕肥效最佳。每亩产鲜草约 1 500kg。苕子茎叶鲜嫩，易腐烂。鲜草含水分 84.4%，含氮 0.56%，含磷 0.13%，含钾 0.43%；干草含氮 3.12%。播种期为秋播，播种量 2.5~3.5kg/ 亩，压青和刈割时间晚春至初夏。

（4）蒲公英。又名黄花丁子、婆婆丁等。既有药用价值，又是营养丰富的野菜之一。属菊科多年生宿根性植物，野生条件下 2 年生植物就能开花结籽，花期 4—9 月，果期 5—10 月，开花后经 13~15d 种子即成熟。花朵头状花序，种子上有白色冠毛结成的绒球，花开后随风飘散到新的地方孕育生命。蒲公英繁殖多采用种子繁殖，采种时可将蒲公英的花盘摘下，放在室内存放后熟 1d，待花盘全部散开，再阴干 1~2d 至种子半干时，用手搓掉种子的绒毛，然后晒干种子备用。由于种子无休眠期，成熟采收后的种子，从春到秋可随时播种。果园行间播种时宜秋季撒播，播种前对土壤旋耕，平畦撒播，亩用种 0.5~1kg，将种子和细沙混合撒播后覆土 1cm，然后稍加镇压，约 10d 可以出苗。翌年开始雨季注意割草，降低因蒲公英密度过大导致根叶腐烂发生，可达到播种一次多年受益的效果。此外，蒲公英的花朵蕴含着丰富的花蜜，每当开花时节，蜜蜂会蜂拥而至，达到为果树授粉的目的。

（5）二月兰。学名诸葛菜，十字花科属，为 1 年生或 2 年生草本植物，株高 50cm 左右，茎直立，花紫色、浅红或褪成白色，长角果线形，种子卵形至长圆形，黑棕色，种子可榨油。北京地区一般 3 月下旬至 5 月开花，部分花期可延长至夏季，花期可延续两个多月，5—6 月结果。植株生活史从每年 9 月至翌年 6 月，甚至在寒冷冬季仍可保绿不枯，可以较好地覆盖地面，因此是北方地区不可多得的早春观花、冬季观绿的地被植物。二月兰适应性强，耐寒、耐阴，萌发早，喜光，对土壤要求不严，酸性土和碱性土均可生长，采用种子繁殖，宜在 9 月下旬行间撒播，播前对土壤旋耕，将种子浸泡 2~3h，晒干后拌细沙均匀地撒入表土，每亩 0.5~0.8kg，然后耙土镇压即可，土壤干旱时可喷灌保持土壤湿润，防止表土干旱板结而影响种子发芽。之后二月兰会每年秋季萌发、夏季结籽后植株枯死，不仅可增加土壤有机质，还可抑制其他杂草生长，实现 1 年播种多年受益的效果。同时二月兰花期正值苹果盛花期，还可吸引大量蜜蜂等授粉昆虫为苹果授粉。

（四）果园生草的注意事项

（1）人工生草果园应具备良好的水浇条件。

（2）适时刈割。无论自然生草或人工生草，凡草的高度超过 40cm 以上，都要及时刈割，有利于增加土壤有机物的供应和减少果园病虫的发生。

（3）人工生草对土壤中的氮素消耗较大，生草初期在果园行间应注意增施氮肥。

（4）果园连续多年生草，土壤表层因草根密挤，容易板结，影响透气和透水。因此，果园生草 3~5 年后应及时进行翻耕。播种豆科植物的果园，翻耕后则需再次播种。

二、果园覆盖

果园覆盖是防止树下杂草丛生的有效方法。覆盖的材料分有机物覆盖和园艺地布覆盖两种类型。

（一）有机物覆盖

有机物覆盖的材料为稻糠、麦糠、杂草，粉碎的秸秆、枝条等。覆盖的方法沿树行两侧，在树冠半径 1~1.5m 的范围内，铺施有机物，厚 10~15cm。有机物覆盖时间一年四季均可进行，但以春季覆盖为宜。

覆盖的作用如下。

1. 防止杂草，节约成本

树下清耕的果园，全年需中耕锄草 4~5 遍，每亩锄草费用 500 元左右。覆盖后不仅防止了树下草荒，且减少了人工费用的投入。此外，覆盖有机物的果园，由于有机物的增加，每年有机肥的施入量比清耕果园减少 60% 以上，每亩仅需铺施 1~2m^3，就可保证苹果树的正常生长，有效地节约了生产成本。

2. 提高土壤肥力

果园如连续 3 年覆盖秸秆等有机物，有机质含量可提高 1% 以上，矿质营养元素也明显增加，其中氮增加 6.3%~49.2%，磷增加 2.4%~143%，钾增加 3.2%~65.5%，锌增加 29.8%~31.8%，铁增加 4.6%~31.6%，铜增加 17.8%~84.2%，锰增加 36.0%~97.6%。

3. 减少水分蒸发

可减少果园地表蒸腾量 60% 以上，果园每年每亩可节水 140t，中耕除草节省人工 70% 以上。

4. 改善果园土壤的理化性状

清耕果园，夏季表土的最高土温达 49℃ 以上，而苹果根系仅能忍耐 35℃ 的高温，温度过高常引起苹果表层根系的死亡。覆盖后表层土温仅为 30℃左右，有效地降低了地表温度，保证根系的正常生长。树下覆盖后，土壤的容重明显减小，透气性增加，土壤疏松，蚯蚓增多，有利于根系的生长。

（二）园艺地布覆盖

在有机物资源不足的情况下，果园树下应用园艺地布覆盖，具有透水、透气性好，减少水分蒸发，保持土壤墒情，免锄杂草危害等效果，是果园近年广泛采用的一种覆盖方式。铺设时选择 1~1.2m 宽的地布，沿树行在主干两侧各铺设一幅地布，铺后每隔 3~5m 用砖将地布压严。也可用提前做好的"T"形钎子，长 15~20cm，插入地下后将地布固定。地布铺设的时间，每年 4 月下旬土壤温度上升稳定后，地下未发生草荒时为宜。园艺地布可连续使用 4~5 年，每亩造价约 500 元，地布覆盖后，平均每年每亩可减少锄草开支 70% 以上。

第四节 果园灌水

据资料报道，苹果正常生长发育所需的土壤水分含量为田间持水量的 60%~80%。灌水时期主要分为芽萌动水、花前水、花后水、幼果膨大水、采前膨大水和越冬水。不同物候期对水分要求不同。

一、芽萌动水（解冻水）

北京地区苹果芽萌动期为 3 月下旬至 4 月初，当春季土温达到 3~4℃时，根系开始生长，3 月上中旬开始至 4 月中旬达到高峰。芽也开始萌动膨大。土壤经过一个冬季的水分蒸发，急需要补充水分，以满足根系和地上部的生长发育。根据土壤墒情此期要灌足水。

二、花前水

第一次灌水后，根据土壤墒情，土壤最大持水量低于 40% 时，在花蕾期的 4 月 10 日前，应灌好花前水，有利于开花和坐果。

三、花后水

谢花后的 4 月下旬，谢花后 7~10d，正值幼果细胞迅速分裂增长期，果实生长速度明显。根据 2017 年的果实生长调查，从谢花后的 4 月 25 日至 5 月 25 日的 30d 内，幼果纵径生长明显大于横径，纵横径分别为 0.72cm 和 0.37cm，到 5 月 20 日生长至 3.45cm 和 3.32cm，平均每天增长为 0.115cm 和 0.11cm。因此灌好花后水，对增加前期的果肉细胞数量、提高果形指数和单果重非常重要。

四、幼果膨大水

北京地区一般春旱，在花后 3~4 周的 5 月中旬，在平均降雨不足 20mm 的情况下，应浇好幼果膨大水。5 月中旬至 6 月中旬的 30d 内，果实纵、横径分别由 3.56cm 和 3.58cm 增长到 4.85cm 和 5.6cm，增长了 1.29cm 和 2.02cm。横径生长速度明显大于纵径，说明此期正值果肉细胞迅速增生膨大期，灌好水有利于促进果实的增大。此外，6 月初至 7 月底，幼果仍有缓慢的生长。据调查，每天平均生长约为 0.6mm，50d 内净增长 3cm 左右。此期如降雨少或天气持续干旱，应及时增加 1~2 次灌水。

五、采前膨大水

8 月初至 9 月上中旬，果实横径由 7cm 左右生长到 9cm 左右，是果实第二次生长高峰期，果肉细胞迅速膨大。此期灌水有利于增加单果重。由于北京地区易出现秋旱，应重视此期的灌水。富士苹果生长到晚秋的 10 月中旬，灌水过晚不利于果重的提高。

六、越冬水

9 月中下旬至 11 月上旬，正值根系第三次生长高峰期，随着叶片制造养分的回流积累，根系开始生长。幼树可结合 9 月中旬秋施基肥灌足越冬水，结果期树，采收后的 11 月中旬前灌足水。

第五节 微喷带灌溉

长期以来，大多果园主要以大水漫灌的方式灌水，虽然有的安装了（管灌）输水管线设施，但树下传统灌溉的方式仍未得到解决，造成轮灌周期长、费工费时、水流失浪费严重，且由于园内出水口立管和垄渠等障碍物的影响，给果园机械割草等项作业带来诸多不便。

为了解决这一难题，2013年我们通过现有水利设施的技术改进，尝试利用微喷带设施，进行果园灌溉，取得了灌水效率高、节水、节能、造价低的明显效果。目前，该技术已在北京地区果园大面积推广应用。果园微喷带灌溉，主要有以下优点。

一、灌水可控

应用微喷带灌溉，用水量大小可调节，且在果园有效范围内呈淋溶状灌溉，减少了水土流失，及时满足了果树对水分的需要。

二、节水、节能、省工

应用微喷带灌溉，用水量少，果园全年灌水6~7次，每亩总用水量为90~140t，比常规灌溉节约用水80%，并可减少水土流失。微喷带灌溉全年每亩用电量70kW·h，比常规灌溉节约用电80%，节省开支130元。此外，轮灌期短，节省劳力，1个百亩果园灌水一遍，仅需4~5d完成，轮灌期比常规灌溉缩短15d左右，且灌水不设专人，节省了人工开支，降低了经营成本。

三、安装简单、造价低

微喷带灌溉设施安装简单，包括主支管道、立管、截门、微喷带等材料。安装前先规划挖好主支管线预埋沟，沟深60cm、宽30cm，主管道延伸至果园。规划时支管道设计在果园各列树的中部，并与各列树（南北行）呈90°（东西向）横向延伸至每行树下，再在支管道上安装立管（覆土后立管露出地面20cm），接上双向截门，最后将沟填土埋实。在截门两端接上微喷带，分别延伸至树的两端。灌水时根据水的压力，一般打开6~8组截门，每次灌水需2~2.5h，土层0~40cm田间持水量达80%以上时，就应调整轮灌。由于微喷带输水压力有限，每条微喷带长度不应超过50m为宜。灌水前可用土壤负压计测量土壤持水量，当数值大于–40时，需灌水补墒。

果园微喷带设施建设，每亩投资约需1 500元，主支管道使用年限可达20年以上，微喷带材料可连续使用5年以上。此外，偏僻果园在远离机井水源条件下，可挖小型蓄水池，蓄水后使用微喷带灌溉设施。

四、便于机械化操作

果园微喷带灌溉，果园内去除了立管、垄渠等地上障碍物的影响，便于果园行间机械割草和作业，且对提高土壤有机质、调节小气候等都发挥了重要作用（图5-3，图5-4）。

图5-3　幼龄树微喷灌溉效果

图5-4　结果树微喷灌溉效果

第六章

低成本、省力化、集约高效栽培技术的应用

北京地区 2009 年前，每亩苹果生产成本为 5 000 元左右，到 2015 年后，每亩生产成本上升到 7 000 多元，成本增加了近 30%，其中劳动力成本占经营成本的 60% 以上。由于生产成本的持续增加和苹果价格的持续低迷，使果园收入下降明显，甚至有的果园处于亏损的境地。本章节重点归纳总结了如何降低苹果生产的经营成本，实现提质增效的目标，以及今后现代果园建设应具备的"六化"条件。

第一节　降低生产成本的主要途径

一、矮密栽培

苹果矮密栽培，特别是 SH_6 矮砧密植园，结果早，产量高，着色好，管理省工，收益明显，亩效益是乔砧园的 2~3 倍，是实现低成本、省力化、集约、高效栽培的主要途径。

二、无袋栽培

无袋栽培可节约生产成本 30% 以上，每亩可节省开支 2 000~2 500 元，由于疏定果期的延长，无袋栽培可大幅度提高优质果的

比率，且无袋果的可溶性固形物含量比有袋果高 0.8%~1%。实现苹果的无袋栽培，第一，应具备良好的立地条件，如山前岗台地，海拔较高，昼夜温差较大的地域果实着色好，有利于苹果的无袋栽培；第二，SH$_6$ 矮砧富士易着色，有利于苹果的无袋栽培；第三，着色优系富士有利于着色，便于苹果的无袋栽培；第四，果园土壤有机质水平高，土壤中 N、P、K 三要素比例平衡，有利于实现苹果的无袋栽培。因此，有条件的果园，今后应逐步扩大无袋栽培的应用。

三、应用小型机械

据调查，果园全年病虫防治需打药 8~10 次，应用常规机械打药每亩用工 8 个左右，亩开支约 1 200 元，占生产成本 17.14%，打药效率低，且成本高，防治效果差。应用弥雾机打药，每亩仅需 1 个用工，是常规打药的 8~10 倍，效率高、成本低、病虫防治效果好。此外，果园的机械割草、机械施肥（铺肥、机械翻施）等项作业，可进一步降低生产成本、减轻劳动强度。因此，果园机械化作业是提高工作效率、减轻劳动强度、降低经营成本的有效途径。弥雾机打药和小型割草机的应用见图 6-1。

图 6-1　弥雾机打药和小型割草机的应用

四、微喷带灌溉

利用微喷带灌溉技术，可实现果园的无人灌溉。据测算，100亩果园采用常规灌溉，每次灌水需用工60个左右，全年灌水6~7次，需用工360~420个，开支3.6万~4.2万元，平均每亩开支360~420元。应用微喷带灌溉可不设专人，每亩可节省开支400余元。

五、覆盖园艺地布

据调查，果园树下锄草费用每年每亩开支约500元。应用园艺地布覆盖后，不但免锄杂草，减轻劳动强度，扣除园艺地布费用后，每年每亩还可节省生产开支300余元。

综上所述，应用弥雾机打药、无袋栽培、微喷带灌溉、覆盖园艺地布等省力化综合栽培技术措施后，果园每年每亩可减少生产开支3 600多元，占生产成本的50%以上（表6-1）。

表6-1　省力化栽培和常规栽培部分生产开支比较

类别	每亩开支（元）				
	打药	套脱袋	灌水	园艺地布	合计
省力化栽培	70	无袋	50	120	240
常规栽培	1 000	2 000	360~420	500	3 860~3 920

第二节　现代果园建设应具备的"六化"条件

现代果园建设应具备"苗木优种化、种植矮砧化、栽培有机化、管理精细化、果园机械化和优质高效化"的"六化"条件，科学、有序、健康、高效地发展。

一、苗木优种化

苗木优种化包含两个方面，一是种植品种，二是苗木质量。发展矮砧密植果园时，首先要选择好种植的品种，品种要优良，早中晚熟优良品种搭配要合理，以便排开市场供应期，减轻富士晚熟品种集中上市的压力。其次保证苗木质量，劣质苗木栽植后成活率低，幼树长势弱，生长不整齐，产量低，效益差。3 年生的 SH_6 矮化中间砧苹果苗见图 6-2。

图 6-2　3 年生的 SH_6 矮化中间砧苹果苗

二、种植矮砧化

矮砧园比乔砧园栽植密度高 1 倍左右，土地、光能利用率高，合理利用空间，实现立体化结果，产量高。收益率是普通乔砧园的 2~3 倍，是实现集约高效栽培的有效途径。但发展矮砧园时栽植密度不宜过大，过密易造成果园郁闭，果实质量差、效益低。今后在发展矮密果园时，应选择成熟的技术路线后，再确定合理的栽植密度。

三、栽培有机化

栽培有机化是指果园的土壤管理和化学农药的使用。果园土壤应以腐熟优质的有机肥为主，中微量矿质营养元素为补充，控制 N 素肥料的施入，果园实行生草栽培，使土壤有机质逐年提升至 3% 以上的水平，为根系生长创造"深、肥、暄"的良好土壤环境。果园病虫害防治，应降低或减少农药的使用次数，增加矿质型药剂和生物制剂的使用，为生产安全、绿色、优质的有机化苹果创造条件。

四、管理精细化

果园管理精细化，是在果园微喷带灌溉等基础设施具备和弥雾机打药、机械割草等小型机械应用的前提下，将有限的人力资源更多地投入到果园树上的精细化管理中，进而为苹果质量水平的提升创造条件。据调查，1 亩盛果期矮砧密植园，完成冬季修剪工作约需 5 个工，才能保证冬季修剪的质量（修剪时需拉枝和吊枝）。因此，修剪前一定要做好技术培训工作。目前很多果园技术不到位、修剪粗糙、只修剪不拉枝的现象普遍存在，这是造成树势不稳、大小年结果严重、苹果质量差的重要原因。

疏定果和果实套袋工作是提高苹果整体质量水平的关键性技术措施。据调查统计，1 亩盛果期的矮砧密植园，亩产 4 000kg，优质果比率达到 80% 以上（平均单果重 250g），至少需要疏 3 遍果，且还需要认真细致。疏定果每亩用工约 6 个，果实套袋每亩用工约 5 个，疏定果和套袋工作用工量大、耗时长，占果园全年用工的 1/3 以上。因此，在果园各项管理工作中，树下的管理要尽可能地多使用机械作业，将有限的人力资源从地下解放出来，进而实现树上精细化管理的目标。

此外，果园常年使用的梯子也非常重要，从冬剪到夏剪，从疏定果到套袋，直至苹果采收，都离不开梯子。随着苹果矮砧密植园的发展，近年北京昌平多数矮砧园已使用三脚架型梯子，高 1.8~2m，铝合金材质，重 6.5~7kg，轻便灵活，安全稳定，效率高，非常适合果园的树上作业。三脚架形铝合金梯子在矮砧园中的应用见图 6-3。

图 6-3 三脚架形铝合金梯子在矮砧园中的应用

五、果园机械化

果园机械化主要指机械施肥、耕翻、割草、打药、灌水、选果、枝条粉碎等项作业内容。在生产管理中，应把果园的栽植方式与小型机械紧密地结合起来，并选择相配套耐用的机械。目前国内的小型园林机械有很多类型，常用的有割草机、弥雾打药机、选果机械等。在今后的果园管理中，尽可能多利用机械作业，有利于提高工作效率，降低人工成本，减轻劳动强度，并可将有限的人力资源用在树上的精细化管理上。

六、优质高效化

现代果园建设，要实现集约化高效栽培，应具备苗木优种化、种植矮砧化、栽培有机化、管理精细化和果园机械化的条件，产出的高端产品在市场上必然会有竞争力，最终实现苹果集约化生产、优质高效化栽培的目标。

第七章

病虫害防治

苹果病虫害防治工作是苹果栽培技术管理中的重要环节，对树体保护、减少病虫危害、降低病虫果率等都起到关键作用。

第一节　主要病害及其防治

一、苹果腐烂病

苹果腐烂病是苹果的一种重要枝干病害。发生严重时，常造成树冠残缺不全，以至整株、成片死亡。

（一）病害症状

腐烂病多发生在枝干的皮层，一般主干和骨干枝最易发生，小枝发生较轻。春季在枝干向阳面和骨干枝枝杈处发病较多，有时也常在枝条剪口和纤细小枝上发病。秋季树冠外围的延长枝剪口也容易发病。

（二）发病规律

苹果腐烂病是由一种黑腐皮壳真菌引起的病害，病菌以菌丝体、分生孢子器和子囊壳在田间病株、病残体上越冬。早春病菌借风雨传播，多从枝干伤口侵入，15d后发病。在北京地区，苹果腐烂病一年四季均能发生。1年有两次发病高峰期，第一次4月上旬至5月上旬，第二次在9月上旬至10月。病菌在树体上潜伏时间较长，当树势衰弱或有损伤疤痕时，病菌活跃侵染发病。

（三）防治方法

1. 增强树势

苹果腐烂病的发生，与树势和栽培管理有密切关系，一般生长健壮的树发病轻，弱树发病重。加强肥水管理，合理负载。

2. 清除病原菌

修剪的病枝、刮下的病皮及时清除烧毁或深埋。

3. 工具消毒

苹果腐烂病的侵染，在很大程度上与修剪工具交叉感染有关，如修剪不小心，剪到病枝上，又继续剪下一株树，这株树当年就可能被传染。所以要随时携带工具消毒液，及时做好消毒处理。

4. 刮治病斑

病斑刮治的有效药剂有菌清（国家苹果产业技术体系研发药剂，生产单位在河北宣化）、丙环唑（金力士）、2代果康宝等。刮治时首先将病组织完全刮除，面积大于病组织周边1~2cm，木质部上的坏死组织和病变痕也应清除，然后在整个伤口上均匀涂抹药剂。防治效果很好。

二、苹果轮纹病

苹果轮纹病是一种苹果的重要枝干、果实病害，有时也侵害叶片。

（一）病害症状

枝干发病时，常以皮孔为中心，形成扁圆形或圆形的淡褐色病斑，中央凸起，质地坚硬。此后病斑边缘龟裂成环沟，病斑中间生成黑色小点粒。最后病斑常翘起脱落。发病严重时多数病斑相连，表皮极为粗糙，树势衰弱甚至造成幼树死亡。

果实侵染，初在皮孔处生有灰褐色小斑点。病斑扩大后，生有深浅色相间的较明显的同心轮纹，表皮下渐渐产生黑色小点粒（分生孢子器）。果肉迅速软化腐败，往往在发病后 7~10 d 全果腐烂，烂果不凹陷，果形不变，具酒糟味，是与炭疽病区别之处。

（二）发病规律

病菌以菌丝和分生孢子器在被害枝干上越冬，翌年 4—5 月产生大量孢子，靠风雨传播，由皮孔侵入枝梢发病。病菌在幼果期间侵入后，多呈潜伏状态，一般要到果实成熟前或贮藏期，才能显现症状。

（三）防治方法

1. 清除病源

萌芽前刮除枝干上的病斑、粗皮，喷 5 波美度石硫合剂或 70% 甲基硫菌灵 1 000 倍液。清除越冬病源。

2. 药剂防治

结合防治其他病害，6 月下旬至 8 月喷 2~3 次石灰多量式波尔多液，防治病菌侵入。9 月中下旬 3% 多抗霉素 400 倍液，预防果实病害的发生。

三、苹果炭疽病

苹果炭疽病是苹果的一种重要果实病害。

（一）病害症状

苹果炭疽病菌主要为害果实，有时也为害枝条。果实发病初期，先在果面生成淡褐色近圆形病斑。后病斑扩大，从果皮向果实内部呈漏斗状腐烂，果肉变褐色，有轻微苦味，病斑表面凹陷，从病斑中心向外生成同心轮纹状排列的黑点小点粒（分生孢子器）。雨季或天气潮湿时，病斑表面生出粉红色黏液（分生孢子堆）。最后失水干缩，成为黑色僵果，病果多脱落。

（二）发病规律

北京地区，苹果炭疽病最早从 6 月下旬开始发生，7 月上中旬逐渐增多，雨季发病最重。晚秋气温下降，停止发病。病菌为半知菌类，以菌丝体在落叶和病枝上越冬。翌年夏季温湿度适宜时，产生分生孢子，引起初次侵染。在果园内，一般先形成中心发病树，然后向周围树上蔓延。树冠内病果最多。

苹果炭疽病的发生与气候、品种有密切关系，高温、高湿是苹果炭疽病流行的重要条件。7 月、8 月连阴多雨有利于病菌的传播。降雨早且多的年份，发病早且重。干旱年份，发病晚且轻。苹果炭疽病也常伴随着果实日灼而发生。

（三）防治方法

1. 清除病源

冬季清除落叶病枝烧埋，生长季剪除病枝病果。

2. 药剂防治

5 月中旬至 6 月上旬，喷 70% 甲基硫菌灵 1 000 倍液或多菌灵 800 倍液，此期是全年药剂防治的关键。7 月中下旬至 8 月是发病盛期，喷大生 M-45 可湿性粉剂 800 倍液。防治期间 3 种药剂可交替使用。

四、早期落叶病

早期落叶病包括斑点落叶病、褐斑病、灰斑病 3 种，是苹果的重要叶片病害，管理粗放果园发生较重，常引起早期落叶和减产。

（一）斑点落叶病

主要为害叶片，有时也能为害果实。为害叶片时，病斑中央淡褐色，外缘紫红色，病斑中央多褐色小斑点，高湿度条件下，病斑背面产生黑色霉层。侵染果实时，造成黑色斑点，尤其是当果面有裂纹时，更容易造成侵染为害。

（二）褐斑病

褐斑病主要为害叶片，有时也能为害果实。叶片发病时病斑边缘不整齐，周围有一圈绿色，病斑以外的叶片部分变黄色，和正常叶的部分界限不明显。褐斑病的类型复杂，根据症状可分为以下三种。

1. 同心轮纹型

病斑圆形。病斑上密生黑色小点粒，排列成同心轮纹状。

2. 针芒型

病斑小，没有一定的形状。病斑上生有稍微凸起的黑色针芒状物。

3. 混合型

病斑较大，暗褐色，近圆形或不规则形。病斑上的黑色小点粒很分散，病斑周围有黑色针芒状物。

（三）灰斑病

灰斑病也主要为害叶片，有时也为害枝条和果实。叶片发病，病斑初为黄褐色小点，然后扩大为近圆形或不规则状。病斑灰褐色，有光泽，周围有稍微凸起的紫褐色环纹。后期病斑上长出一些分散稀疏的黑色小点粒（分生孢子器）。病重时，多数病斑相连，叶片穿孔，叶缘焦枯，造成早期落叶。枝条发病，表皮呈块状坏死，病斑不整形或条状肿起。果实发病，初时病斑为灰褐色小圆点；病斑扩大后，红色品种病斑黄褐色，周围有深红色晕，稍凹陷，病斑中部散生微细的针尖状小黑点（分生孢子器）。绿色品种病斑灰褐色，近圆形、长圆形或不规则形状稍凹陷，后期果实表皮浮起，散生很多黑色小点粒（分生孢子器）。

（四）发病规律

斑点落叶病以菌丝体在被害叶、枝条上越冬，翌年4—6月产生分生孢子，随风雨传播，侵染为害，全年一般有2次侵染高峰，第一次是春梢开始生长期，第二次是秋梢开始生长期，以第二次发生为重。褐斑病和灰斑病菌主要在带病落叶、枯枝上越冬，北京地区一般在6—8月间高温、多雨季节发病较重，褐斑病多在树冠内膛和枝条基部的叶片上开始发病，灰斑病多侵害幼叶。

（五）防治方法

（1）剪除病弱枝，清除果园内的病落叶，减少病原。

（2）药剂防治：6月中下旬喷70%甲基硫菌灵800~1 000倍液。7月中下旬，结合其他病虫防治，喷70%代森锰锌可湿性粉剂800倍液。8月中下旬喷10%苯醚甲环唑2 000倍液。

五、苹果白粉病

苹果白粉病是苹果的一种重要梢、叶病害。

（一）病害症状

白粉病主要为害苗木的嫩茎、嫩叶，以及大树的新梢和幼叶等，有时也为害花和芽。发病初期，叶片和嫩梢产生灰白色病斑，严重时全叶覆盖一层灰白色粉状物，叶片狭长、卷缩，变成灰褐色、枯死。嫩梢感病后，叶片细长并扭曲。后期病叶上出现黑色小粒点，即为该病的闭囊壳。

（二）发病规律

白粉病以菌丝体在休眠芽鳞片上或鳞片内越冬，春季芽萌动时，病菌开始活动，产出分生孢子侵染嫩叶、嫩梢，并借风雨传播进行再侵染。白粉病的侵染发生，和新梢的生长情况有密切关系。一般新梢的迅速生长期就是白粉病的发病盛期。北京地区5—6月为盛发期，在秋季凉湿气候环境发病也很严重。

（三）防治方法

（1）加强管理，及时剪除感染的病梢病叶，防止二次侵染。

（2）发芽前喷5波美度石硫合剂。5月中旬至6月中旬喷43%戊唑醇3 000倍液。

六、苹果锈病

苹果锈病（赤星病）是苹果的一种重要的叶、果病害。

（一）病害症状

苹果锈病为转主寄生病害，寄主为海棠、苹果、山楂等，转主为桧柏、龙柏、圆柏等。发病后叶面上显现出病斑（性孢子器），由1mm渐扩大到5~6mm，被害叶背面相应位置形成黄色隆起（锈孢子器），并形成橙黄锈子腔。在桧柏上形成棱形瘤及角状凸起的冬孢子角。

（二）发病规律

4月中旬至5月，当出现5mm以上降雨，雨后持续1~2d连阴天，此时，冬孢子萌发并产生小孢子，随风漂移到海棠、苹果、梨等果仁类植物体上侵染，潜育6~7d后发病。7月锈孢子腔破裂，成熟的锈孢子随风漂移到桧柏上，侵入后，小枝上形成棱形瘤及隆起的冬孢子角。

（三）防治方法

果园周边2km范围内，栽植绿化树种桧柏的区域，4—5月间苹果花后如出现5mm以上降雨，雨后的5d内全园喷43%戊唑醇3 000倍液防治。

七、苹果根腐病

苹果根腐病是一种重要的根部病害。

（一）病害症状

苹果根腐病是圆斑根腐病、根朽病、白绢病、紫纹羽、白纹羽等一类的总称。感病树根部表皮出现黄褐色不规则病斑，皮层内部紫褐色。后期根及根茎表面有紫色毛毡状菌丝膜，皮层腐烂木质部腐朽，栓皮呈鞘状套于根外。病株的局部枯死。病株叶小、色淡，严重者出现枯死。

（二）发病规律

该病以菌丝体及菌核在病根或土壤中越冬，从皮孔或伤口侵入，为害健康树根部。低洼潮湿、排水不良利于发病及病害流行。

（三）防治方法

（1）加强地下管理，合理科学施肥。施入镁、钾肥或土壤调理剂对根腐病有较好的防治效果。

（2）严重发生时，用高锰酸钾1 000倍液灌根杀菌，有良好的效果。

八、苹果根癌病

（一）病害症状

该病侵染幼树根茎、主根、侧根及干部，发病初期幼瘤灰褐色，表面平滑。随着病瘤增大，颜色变褐色、坚硬、粗裂呈菜花状。肿瘤大小不等，发病轻者，树生长缓慢，叶小、色淡，重者造成整株死亡。

（二）发病规律

病原菌为细菌，存活于根的癌瘤及土中。靠灌水、雨水及地下害虫传播。从伤口侵入皮层细胞中，潜伏数10d后发病。使皮层细胞快速增殖呈瘤状。偏碱的沙壤土且湿度大易于发病，苗木及幼树伤口是发病的主要途径。

（三）防治方法

（1）3月下旬至4月初，100倍硫酸铜浸根5~8min，然后用清水洗净栽植。

（2）9月下旬至10月中旬，1.8%辛菌胺醋酸盐1 000倍液灌根。

九、苹果锈果病

（一）病害症状

苹果锈果病是苹果锈果类病毒侵染所致。该病有花脸型、锈果型和花脸锈果复合型3种类型，该病不仅为害苹果，也为害梨果类果树，梨树普遍带有病毒，但梨果不表现锈果症状。带毒后干扰树体正常生理机能，导致树势衰弱，果实变小、花脸，果面凹凸不平，有条状锈斑或红绿相间的斑块，没有经济价值，直至整株衰亡。

（二）发病规律

苹果病毒和类病毒引发的锈果病一般通过嫁接传染病毒和工具传染病毒。凡在病株用过的修剪工具均可传染。

（三）防治方法

病毒和类病毒病害与真菌或细菌病害不同，难以用化学药剂进行有效防治、预防和控制，培育和栽培无病毒苗木是避免苹果病毒的根本途径。

（1）选用无病毒接穗和砧木。

（2）果园发现病株做好标记，彻底清除。

（3）修剪用的剪子、锯等工具，遇到病毒株时，严格酒精浸泡消毒后，再在无病毒树上修剪。

十、苹果霉心病

（一）病害症状

苹果霉心病症状分为3种类型：褐变形、霉心形和心腐形。褐变形和霉心形由多种链格孢和枝孢引起。霉心病和心腐病常混合发生。苹果在生长后期和采收期，病果表现为提前着色和落果，果实心室出现褐变、腐烂等症状。

（二）发病规律

苹果霉心病可由多种弱寄生真菌组合致病，其中以链格孢菌占绝对优势。以菌丝和分生孢子在芽鳞内和树体组织内越冬。春季苹果花期是该病侵染的盛期。病菌由花柱侵入至心室，因此花期是防控的重点。

（三）防治方法

初花期（北京地区4月中旬）喷布3%多抗霉素1 000倍液。喷药时加入0.2%的硼砂，防治效果较好。

第二节　主要虫害及其防治

一、桃小食心虫

简称"桃小"。除为害苹果外，还为害梨、桃、杏、李、海棠、山楂等多种果树。蛀食苹果果实时的被害状，因其蛀果的时间而不同。6—7月入果的，蛀果孔附近凹陷，果实变成畸形"猴头果"；7月以后入果的，蛀果孔处凹陷较浅，果实不成畸形。幼虫在果内纵横穿食，直达果心。虫粪排在果内，果肉成为"豆沙馅"状，不能食用。

（一）生活史及习性

桃小食心虫在北京地区，一般发生2代，以老熟幼虫作扁圆形茧，在3~12cm深的土中越冬。越冬茧多数分布在根颈部位的孔穴、树皮和附近的土中，一般根颈周围50cm范围内的越冬茧，占越冬茧的60%~70%，距树干50~70cm范围内，仅占20%~30%。越冬幼虫在翌年5月降雨后开始出土。多数年份的出土盛期在6月中下旬（小麦收割期间）雨后2~3d内。有时幼虫出土能一直延续到8

月上旬。

越冬幼虫出土后，多在地面的缝隙、石块、土块及草根等处，结长纺锤形夏茧化蛹。蛹期半月左右。越冬成虫一般在5月上旬至6月中旬开始羽化，羽化盛期在6月上中旬。1个越冬幼虫从出土作茧化蛹，直到羽化出成虫，所需时间最短14d，最长19d，一般16d左右。成虫羽化后，主要在果实萼洼处产卵，少数产在梗洼。卵期6~8d。

幼虫孵化后，在果面爬行寻找适当部位，咬破果皮钻入果内（但不吞食果皮，所以胃毒剂对桃小幼虫无效）。幼虫入果后2~3d内，从入果孔流出胶质状小水珠，不久水珠干缩成白色蜡状物。第一代幼虫最早入果时期在5月下旬，6月上旬入果数量逐渐增多，6月中旬达入果盛期。

幼虫入果后，一般在果内生活20多天，多数在6月下旬至7月上旬老熟脱果。脱果后入土作茧。这一代幼虫是全年防治的重点。

第一代入土的老熟幼虫，能化蛹的，化蛹后经10d以上的蛹期，在7月上中旬羽化为第一代成虫产卵。卵期6~7d，孵化出第二代幼虫继续入果为害。7月底至8月下旬，第二代幼虫开始脱果，幼虫发生很不整齐，数量也少。

（二）防治方法

桃小食心虫的防治，应在预测预报的基础上，适期做好防治工作。

（1）越冬幼虫出土期地面施药防治。

（2）第一代成虫产卵期，6月上中旬，喷4.5%高效氯氰菊酯1000倍液。第二代成虫产卵期7月上中旬，喷25%灭幼脲Ⅲ号1500倍液。8月中旬喷1.8%阿维菌素（虫螨克星）3000倍液。

二、梨小食心虫

梨小食心虫的幼虫为害果实，入果孔很小，不易发现。入果孔四周微青绿色，稍凹陷。幼虫入果后直达果心，食害果肉和果仁。为害苹果时虫粪多排出果外；为害其他树种的果实时，虫粪排在果内。老熟幼虫脱果孔较大，孔上有虫粪排出。桃树和苹果的嫩梢受害时，入孔处有虫粪排出，上部嫩叶先萎缩，后干枯下垂。

（一）生活史及习性

梨小食心虫在北京地区一年发生 4~5 代，以老熟幼虫结灰白色长核形茧在树皮裂缝、树干基部近土的树皮上越冬。4 月上中旬化蛹。4 月中旬羽化成虫，4 月底至 5 月上旬是越冬代成虫羽化盛期。成虫羽化后，白天不活动，日落前后很活跃，对糖醋液和黑光灯等有很强的趋性。第一代卵发生盛期，在 4 月底至 5 月上旬，卵主要产在桃、李、樱桃等新梢中部的叶背面。卵期 5~7d。幼虫孵化后，为害桃、苹果等果树的嫩梢。幼虫在梢内一般生活 9~13d，从梢内脱出后，在被害梢以下的枝杈处化蛹。6 月上中旬，为第一代成虫羽化盛期和产卵盛期，第二代幼虫孵化后，仍然为害桃和苹果树的新梢，并开始为害苹果果实。7 月上中旬第二代成虫开始羽化，7 月中下旬是羽化盛期和产卵盛期，孵化后的第三代幼虫，转移到晚熟品种的桃、梨和苹果果实上为害。8 月中旬第三代成虫开始羽化，8 月下旬至 9 月上旬是羽化盛期和产卵盛期。第四代入果幼虫，在 9 月上旬至 10 月中旬脱果后作茧越冬。

（二）防治方法

（1）4—6 月，及时剪除被害桃梢和苹果嫩梢，烧毁或深埋。

（2）成虫和卵发生期喷药防治。5 月中下旬喷 3% 甲维盐 3 000 倍液。6—8 月结合其他病虫防治，原则上每月防治 1 次，喷 20% 高氯·马拉硫磷 1 500 倍液或灭幼脲Ⅲ号 1 500 倍液。

三、苹小卷叶蛾

苹小卷叶蛾是一种杂食性果树害虫，除为害苹果外，还为害海棠、梨、桃、樱桃、杏、李和山楂等多种果树。在苹果上除为害叶片外，最主要啃食果皮，将果面吃成不规则的片状坑洼。

（一）生活史及习性

苹小卷叶蛾在北京地区一年发生 3 代。一代老熟幼虫在枝干的粗皮裂缝、剪锯口爆皮或草绳、落叶等处作白色小茧越冬。翌年 4 月中下旬苹果发芽后，越冬幼虫开始出蛰，4 月下旬为出蛰盛期，爬到新梢上卷叶为害，5 月中旬越冬代幼虫开始化蛹，蛹期 8~11d，5 月底至 6 月初，越冬代成虫开始化蛹，6 月上中旬为羽化盛期。产卵在叶片和果实上，卵期 7d 左右。7 月上旬，第一代幼虫已全部孵化。幼虫极活泼，一经触动，就迅速倒退或吐丝下垂。刚孵化的幼虫，吐丝把两片树叶缀起黏合在一起，在里面食害叶肉，以后转移分散啃食果皮，这一代幼虫为害果实最严重。7 月中下旬至 8 月下旬，第二代成虫羽化，8 月上中旬为羽化盛期。7 月底至 8 月下旬，第二代幼虫开始孵化。为害的果皮成针孔状凹眼，此后作茧越冬。

（二）防治方法

（1）冬季刮除老翘皮，清理枝干上的贴叶、剪锯口翘皮，清除落叶，集中烧毁或深埋。

（2）药剂防治。6 月上中旬和 8 月上中旬结合病害防治，各喷 1 次 25% 灭幼脲Ⅲ号 1 500 倍液和 20% 高氯·马拉硫磷 1 500 倍液。

四、顶梢卷叶蛾

顶梢卷叶蛾是苹果苗木和幼树的主要害虫。幼虫在新梢顶端将幼叶吐丝缀合、包卷，食害叶片和顶芽，影响苗木和幼树生长。

（一）生活史及习性

顶梢卷叶蛾在北京地区一年发生 3 代，以幼龄幼虫在被害枝梢顶端的灰白色丝质茧中越冬。翌年 4 月初先钻食花芽、叶芽，而后卷叶危害。5 月上旬至 6 月上旬幼虫老熟化蛹，5 月中旬至 6 月上中旬羽化为成虫。成虫多产卵于叶背，卵期 10d 左右。第二代成虫期为 6 月，第三代为 8 月。

（二）防治方法

（1）冬季修剪时将被害虫梢剪除烧毁。夏季及时摘除虫梢卷叶，捏死幼虫和蛹。

（2）药剂防治：结合其他病虫防治，3 月下旬至 4 月上旬，越冬幼虫出蛰期，喷布高效氯氰菊酯 1 000 倍液。6 月中旬喷布 3% 甲维盐 3 000 倍液。7 月中下旬喷布 20% 高氯·马拉硫磷 1 500 倍液。

五、苹果红蜘蛛

是为害苹果叶片的重要害虫，除为害苹果外，还为害沙果、海棠和梨等多种果树。

（一）生活史及习性

苹果红蜘蛛在北京地区 1 年发生 7 代以上，且世代重叠。以深红色卵在枝杈、翘皮处越冬。严重发生时，大枝背面越冬卵也很多。4 月初苹果花芽膨大时，越冬卵开始孵化。4 月中旬（盛花期）为孵化盛期，末花期越冬卵全部孵化。幼虫孵化后，在叶片上活动取食。5 月上旬出现第一代成虫，在叶背主脉两侧，近叶柄处，或叶面主脉凹陷处产卵。卵期 9~10d。以后各代，随着气温增高，卵期缩短为 5~7d，一般半月至 20d 发生一代。第二代以后的各代，发生不整齐；每代的虫口密度逐渐增加。7—8 月易大量发生。

（二）防治方法

4 月下旬喷布 1.8% 阿维菌素（虫螨克星）3 000 倍液。6 月上中旬喷布第二遍药 73% 炔螨特 2 000 倍液。也可应用捕食螨进行生物防治，对害螨基数大的果园，可在 5—6 月发生初期，先喷布 1 次杀螨剂，1周后每株苹果树按使用说明挂1袋捕食螨（有效成分含量≥200只），可起到良好的防控效果。

六、山楂红蜘蛛

（一）生活史及习性

山楂红蜘蛛在北京地区1年发生6~9代，且世代重叠。以受精的雌成虫在树皮裂缝、落叶以及树干基部约3cm深的土层内越冬。翌年苹果芽萌动时，越冬雌成虫开始出蛰上树，芽刚一显绿就上芽为害。展叶后为害新叶，4月中旬花序分离期为出蛰盛期。越冬雌成虫为害7~8d后开始产卵，盛花期前后为产卵盛期。卵多产在叶背靠近主脉两侧或吐丝的丝网上，很少产在叶片正面，卵期约10d左右。谢花后7~10d，第一代幼虫大量孵化，是防治的关键时期。谢花后25d左右，为第二代幼虫孵化盛期。以后各代重叠发生，随着气温上升，各代的发生时间缩短，卵期仅4~5d。雌成虫于9月下旬至10月初开始越冬。1年中，山楂红蜘蛛前期危害轻，7月逐渐加重。山楂红蜘蛛在干旱年份发生严重。

（二）防治方法

（1）人工防治：秋季越冬雌成虫出现时，在主干或主枝上绑草把，诱集雌成虫，冬季解下烧毁。刮刷树干老翘皮，消灭越冬雌成虫。

（2）药剂及生物防治：4月下旬喷布1.8%的虫螨克星3 000倍液。6月上中旬喷布15%哒螨灵3 000倍液。如叶片上存活害螨仍较多，可1周后每株苹果树按使用说明挂1袋捕食螨防控。

七、二斑叶螨

二斑叶螨被果农称之为"白蜘蛛"。

（一）生活史及习性

二斑叶螨每年发生多代，世代重叠。以受精雌成虫在主干、主枝翘裂皮处或树下落叶层、根际土块中越冬。翌年果树萌芽时，日均温度10℃以上时，开始出蛰。先在地面阔叶杂草取食繁殖，然后上树为害，6月中旬至7月中旬为害盛期。9月下旬向地面杂草转移，10月陆续越冬。

（二）防治方法

（1）人工防治：秋季树干绑草环或绑纸板诱集越冬螨。早春树下耕翻，结合早春病虫防治，地面喷洒药剂。

（2）药剂和生物防治：萌芽开绽期喷施波美1°石硫合剂或30%机油乳剂400~600倍液。6月上中旬73%炔螨特2 000倍液或25%三唑锡1 500倍液。如存活害螨仍较多，可1周后每株苹果树按使用说明挂1袋捕食螨防控。

八、金纹细蛾（苹果潜叶蛾）

（一）生活史及习性

金纹细蛾北京地区一年发生4~5代，以蛹或成虫在被害的落叶中越冬。翌年4月上旬越冬代成虫开始羽化，4月中旬花芽开绽期达羽化盛期。越冬代成虫羽化后，多在背风向阳处交尾。4月下旬第一代卵产生，4月底为卵发生盛期。卵产于苹果花序基部的托叶背面。卵期7d左右。4月底至5月初，第一代幼虫大量孵化。幼虫孵出后1~2h内，由叶背蛀入表皮下食害叶肉。幼虫在叶肉内生活25d左右。6月上旬第一代成虫大量羽化。此后各代成虫发生的盛期第二代5月中下旬，6—8月每月一代。在全年发生过程中，以7—8月第四代的幼虫为害最重。

（二）防治方法

（1）冬春彻底清除果园落叶，烧毁或深埋。

（2）药剂防治：5月中下旬喷布4%阿维·啶虫脒2 000倍液。6月中下旬1.8%阿维菌素3 000倍液。7月下旬25%灭幼脲Ⅲ号

1 500 倍液。

第三节　主要生理病害及其防治

一、苹果苦痘病

（一）病害症状

苹果苦痘病的症状发生在果实上，果实近成熟时，开始出现症状，贮藏期继续发展。苦痘病初期，先由皮下果肉发生病变，果面出现圆斑，以后逐渐扩大凹陷，呈栗褐色，表皮坏死。病部干缩深达数毫米，一般病斑多可至数十个，在坏死的细胞中有大量淀粉粒，果肉微苦，降低商品价值。

（二）发病规律

苹果苦痘病的发生，主要是树体缺钙导致的生理性障碍。钙大部分积累在苹果树的较老部分，是一种不易移动和不能再度利用的元素，故缺钙首先表现在幼嫩部分受害。引起和加重苦痘病发生的主要原因，还与树体高氮低钙、果园有机质含量低，氮肥施用过多等有关。

（三）防治措施

（1）增施有机肥料，控制氮肥的施用量，多施磷、钾肥，防止氮素过剩的现象发生。

（2）谢花后 10d 到收获前，喷布水溶性的钙（甲酸钙）肥 500 倍液 3~5 次，可与一般农药混合喷施，但严禁与石硫合剂、磷酸二氢钾混合使用。也可喷施黄金钙 800~1 000 倍液，喷施时避免高温、强日照天气喷洒，防止发生肥害。

二、苹果缩果病

（一）病害症状

苹果缩果病的表现主要有两种类型。

1. "木栓"缩果病

自谢花后 15d 至采收，陆续发生。先在果肉内发生圆形水浸状病变，随即变成褐色，呈海绵状。幼果期发病使果实畸形，易早落。生长后期发病，果实外形变化不显著，但仔细观察，则果面凹凸不平，手触有松软感觉。红色品种果色变浓呈暗红色且着色早，易早落。严重时果肉大部分变成褐色的海绵状物，不能食用；发病较轻的果肉局部变成褐色绵状物，味淡且苦。

2. "干斑"缩果病

出现较早，谢花后 15d 病症已明显。最初果面发生紫褐色、近圆形的水浸状肿斑，皮下果肉呈半透明的水浸状，逐渐扩大，病斑表面分泌黄色黏液；以后病部坏死。果肉呈褐色或棕褐色，僵硬、干缩和凹陷，形成干斑，病部果皮开裂。果实畸形，一般早落。

（二）发病规律

苹果缩果病的发生因缺硼所致。苹果生长结果所需要的硼，不能在组织中累积，也不能转移到新的生长部位再利用，只能靠从土壤中汲取。果园土壤有效硼含量不足是发病的主要原因。土壤偏碱、过于干旱、有机质低下以及偏施氮肥，可溶性硼的含量则明显降低，易引起缺硼症的发生。

（三）防治措施

（1）果园施肥，以有机肥料为主，提高土壤有机质含量是防止苹果缺硼症的根本措施。

（2）叶面喷施：初花期和谢花后各喷一遍 0.3% 的硼砂，可有效防止缺硼症的发生。

（3）在干旱的季节和年份，要注意及时灌水。

附录一 北京地区苹果细长纺锤形矮化栽培技术周年管理历

月/旬	作业种类	主要技术要点
1—3 月中旬	◎冬季修剪	★幼树期（1~3 年生）。正值整形阶段 1. 中心主干延长枝轻短截。 2. 疏除剪口下 1~2 个竞争枝，以及主干上下过粗、过旺的主枝，保持枝干比 1：3 以内。 3. 主枝延长枝新梢剪留长度：第一年 40cm 左右（抓盲节瘪芽处短截）。第二年新梢剪留长度 40cm 左右。主枝距主干长度约 80cm。第三年新梢剪留长度 20~30cm，剪后主枝总长 100~110cm。此后，树冠径始终保持在这个范围结果。 4. 疏除背上枝和背下强旺枝，留好两侧中、弱枝和果台枝。 5. 主干着生的侧生枝，拉平角度至 90°。 ★初果期树（4~6 年生）。正值整形和初结果阶段 1. 中心主干延长枝新梢轻短截，疏除剪口下竞争枝，此时树高已达 3~3.5m，树形基本完成。 2. 主枝延长枝修剪，抓好盲节或环痕，在瘪芽处短截（回缩），采取放出去、缩回来的剪法，树冠半径始终控制在 110~120cm 的范围，使株间保持良好的通透条件。 3. 疏除背上强旺枝，主枝两侧利用果台枝，开始着手培养结果枝组。 4. 清理重叠、拥挤、过密的主枝，从第四年开始，每年疏除 1~2 个，最多不超过 3 个，逐年减少主枝数量，使全树上下主枝分布匀称，结构合理紧凑。 5. 修剪同时，继续调整好主枝角度，拉平至 90°。 ★盛果期树的修剪（7 年生以上） 1. 中心主干延长枝缓放不动，疏除剪口下的竞争枝、轮生枝一类的强枝。此时树高已达 3.8~4.0m。主枝 18~20 个，树形已经完成。

月/旬	作业种类	主要技术要点
1—3月中旬（休眠期）	◎冬季修剪	2. 主枝延长枝修剪，继续抓盲节、抓环痕、采用回缩修剪的手法，控制好冠径，达到抑前促后的目的。疏除剪口下的强旺枝和背上枝。 3. 做好结果枝组的培养和修剪，是此期修剪的重点。利用两侧中弱枝、果台枝，经缓放结果后形成结果枝组。结果枝组的修剪要单轴延伸，疏除后部强枝，保持各类小枝的均衡稳定生长。连续结果后，对衰弱的枝组带头枝，要选择后部，方位角度好、生长势强的新的领头枝上，进行回缩修剪。同一侧枝组的间距保持 30~40cm，有利于改善树冠内膛的光照条件，枝组健壮，果实着色好。 4. 大量结果后，冬剪时利用架杆，做好下垂主枝的吊枝工作，使各主枝始终保持在 90°，有利于树势平衡，结果稳定。
3月下旬至4月初（萌芽期）	◎定植 ◎施肥 ◎灌水 ◎铺地布	★整地挖坑、栽植幼树，定干、刻芽、栽后灌水 ★秋季未施肥的果园，地下树冠枝展范围内铺施基肥，依据土壤肥力确定施肥量，中等肥力以下的果园（有机质 1.5% 以下），每亩施 2~3m³，高肥力果园（有机质 2%~3%），每亩施 0.5~1m³，并根据土壤测定结果，N：P：K 为 3：1：1，补充适量的不同三要素化肥。追肥后掺匀、结合有机肥料深翻至土壤中 ★施肥深翻后及时灌水 ★有条件的果园，树下两侧铺园艺地布宽各 1.2m，防除杂草
4月中下旬（花期）	◎浇花前水 ◎摘花 ◎放蜂、人工授粉	★浇第二水（花前水） ★摘边花（王林等），制备花粉 ★初盛花期人工授粉
4月底至5月中旬	◎叶面喷钙肥 ◎叶面喷氮肥 ◎浇花后水	★花后两周喷施钙肥，结合病虫防治，全年喷施 4~5 次，防止苦痘病的发生 ★结合病虫防治，叶面喷尿素 300 倍液，前期补充 N 肥 ★浇第三水（花后水）

（续表）

月/旬	作业种类	主要技术要点
5月 中旬至 5月 下旬	◎疏果 ◎割草 ◎幼树新梢 　摘心	★疏除边花小果、畸形果、梢头果 ★行间机械割草（第一次） ★1~3年生幼树 （1）中心主干延长枝新梢不动，剪口下2~3芽枝剪留2~3cm，极重短截，促中心主干新梢生长，提高下部芽的萌发率和成枝率。 （2）下部新梢当生长到21cm时，摘心留长至20cm。此后25d左右再次生长21cm时，继续摘心控制。
	◎初果期至 　盛果期树 　夏剪	（3）摘心后用两头尖的牙签，将半木质化新梢基角支平。 ★第一次夏剪：疏除萌蘗枝，重短截剪口下竞争枝
	◎幼果膨 　大水	★浇第四水：根据天气情况，期间降雨小于20mm时，浇好幼果膨大水。
6月 上旬至 6月 下旬	◎疏定果	★第一次疏果后，紧接着进行第二次疏定。疏除小果、遗漏的双果和病虫果。每枝组平均留1~3果。根据地力、树势以及上年结果情况，合理定产。疏后粗略统计全树留果量和单位面积产量。
	◎喷叶面肥 ◎有袋 ◎无袋	★喷布磷酸二氢钾肥800倍液，促花芽分化 ★有袋栽培6月20日前套袋完成 ★继续疏定果工作，疏除小果、圆球果和过密果。到6月底前完成
	◎割草	★行间机械割草（第二次）
7月— 8月	◎夏剪	★幼树新梢用"E"形器别枝开角至90° ★结果树进行第二次夏剪，重点是疏除背上的旺枝和剪口下的竞争枝
9月上旬 至10月 上旬	◎秋剪 ◎灌水 ◎脱袋 ◎摘叶 ◎幼树 ◎反光膜 ◎摘叶、 　转果	★9月上中旬进行第三次夏剪（秋剪），疏除背上旺枝，改善通风透光条件 ★9月中旬浇第五水（果实膨大水） ★9月20日前后分两次脱完袋 ★9月下旬，摘去果实周边托叶，遮光叶，占全树叶片的5%~10% ★铺施有机肥、翻地、灌水 ★10月5日前完成地下铺反光膜工作 ★10月上旬结合摘叶转果，第二次摘叶量占全树的15%~20%。第一次转果7~10d后转第二次果

（续表）

月／旬	作业种类	主要技术要点
10月中下旬	◎采收	★采收期北京地区：王林10月中旬，矮砧富士10月中下旬
10月下旬至11月下旬	◎施肥 ◎灌水	★施有机肥、翻地 ★灌越冬水
12月	◎冬剪	★进入冬剪工作

注：以富士为例

附录二 病虫害综合防治周年管理历

物候期及月份	防治对象	技术措施
发芽前	◎腐烂病、枝干轮纹病	★结合冬剪去除病虫残枝和僵果,刮除腐烂病斑涂药,对剪锯口可用甲硫萘乙酸、腐质酸铜或菌清进行涂抹保护。为了防止病毒在株间的传播,可用修剪工具消毒液对工具进行消毒。先修剪健壮树,后修剪病株
花序分离期	◎螨类、介壳虫、卷叶虫、白粉病	★全树喷施5波美度石硫合剂,或50%多菌灵可湿性粉剂500倍液加4.5%高效氯氰菊酯1 000倍液,或43%戊唑醇可湿性粉剂5 000倍液加5%虱螨脲1 000倍液
谢花后4月下旬至5月中旬	◎腐烂病、斑点落叶病、轮纹病、白粉病、苦痘病、蚜虫、苹小食心虫、梨小实心虫、鞘翅目害虫等	★对显露的腐烂病病斑进行刮治,刮面要超出病部1cm左右,可涂药剂包括甲硫萘乙酸、腐殖酸铜或菌清。 杀菌剂可选用80%代森锰锌可湿性粉剂800倍液、25%苯醚甲环唑水分散剂6 000~8 000倍液、50%多菌灵可湿性粉剂600~800倍液。保护性杀菌剂和内吸性杀菌剂交替使用。杀虫剂可选用25%灭幼脲3号悬浮剂1 500倍液,兼治多种鞘翅目害虫。杀螨剂可选用15%哒螨灵乳油2 000~2 500倍液或1.8%阿维菌素乳油3 000倍液。 喷药时可加氨基酸钙或甲酸钙等钙制剂
	◎苹果锈病	★周边有桧柏的果园,期间降雨5mm以上,结合其他病虫防治,喷布10%苯醚甲环唑2 000倍液
5月下旬	◎枝干轮纹病、褐斑病、白粉病、锈病、螨类、蚜虫、金纹细蛾等	★喷布43%戊唑醇悬浮剂5 000倍液,1.8%阿维菌素乳油3 000倍液,25%灭幼脲悬浮剂1 500倍液。调查叶螨、成螨达到1头/叶时,可挂捕食螨1袋/株防控

（续表）

物候期及月份	防治对象	技术措施
6月中旬	◎蚜虫、金纹细蛾、苹小食心虫、螨类	★喷布80%代森锰锌可湿性粉剂800倍液+70%甲基硫菌灵可湿性粉剂600~800倍液+25%灭幼脲悬浮剂1500倍液。叶螨成螨达2头/叶时，喷15%哒螨灵乳油2500倍液或73%炔螨特2000倍液
7月上中旬	◎轮纹病、褐斑病、蚜虫、螨类、鞘翅目害虫	★结合天气预报，降雨前喷施保护性杀菌剂，如波尔多液等；雨后喷铲除性杀菌剂，如戊唑醇、苯醚甲环唑等，同时对苹果腐烂病重新出现的病斑刮治、涂药
7月下旬	◎褐斑病、轮纹病、苹小食心虫等	★喷布25%灭幼脲悬浮乳剂1500倍液
8月下旬	◎轮纹病、褐斑病、螨类、蚜虫	★喷布80%代森锰锌可湿性粉剂800倍液或10%苯醚甲环唑水分散粒剂2000倍液
9月中下旬	◎轮纹病	★9月中下旬脱袋后及时喷布10%多抗霉素1000倍液
10月底至11月	◎预防腐烂病、轮纹病、螨类等害虫	★病虫害发生严重果园落叶后可喷5波美度石硫合剂防控

参考文献

河北农业大学，1978. 果树栽培学 [M]. 北京：人民教育出版社 .

山东省烟台地区农业局，1980. 烟台苹果栽培 [M]. 济南：山东科学技术出版社 .

李丙智，韩明玉，2009. 苹果矮化栽培技术 [M]. 西安：陕西科学技术出版社 .

韩振海，等，2011. 苹果矮化密植栽培 [M]. 北京：科学出版社 .

秦维亮，2012. 苹果病虫害防治手册 [M]. 北京：中国林业出版社 .

曹克强，等，2015. 苹果病虫害研究进展（2014 年）[M]. 北京：中国农业出版社 .

中国农业科学院果树研究所郑州分所，1978. 矮化砧苹果苗繁殖技术 [M]. 北京：农业出版社 .

H.B. 图基，1978. 矮化苹果 [M]. 北京：科学出版社 .